Ergebnisse der Anatomie und Entwicklungsgeschichte
Advances in Anatomy, Embryology and Cell Biology
Revues d'anatomie et de morphologie expérimentale

Springer-Verlag · Berlin · Heidelberg · New York

This journal publishes reviews and critical articles covering the entire field of normal anatomy (cytology, histology, cyto- and histochemistry, electron microscopy, macroscopy, experimental morphology and embryology and comparative anatomy). Papers dealing with anthropology and clinical morphology will also be accepted with the aim of encouraging co-operation between anatomy and related disciplines.

Papers, which may be in English, French or German, are normally commissioned, but original papers and communications may be submitted and will be considered so long as they deal with a subject comprehensively and meet the requirements of the Ergebnisse.

For speed of publication and breadth of distribution, this journal appears in single issues which can be purchased separately; 6 issues constitute one volume.

It is a fundamental condition that manuscipts submitted should not have been published elsewhere, in this or any other country, and the author must undertake not to publish elsewhere at a later date.

25 copies of each paper are supplied free of charge.

Les résultats publient des sommaires et des articles critiques concernant l'ensemble du domaine de l'anatomie normale (cytologie, histologie, cyto et histochimie, microscopie électronique, macroscopie, morphologie expérimentale, embryologie et anatomie comparée. Seront publiés en outre les articles traitant de l'anthropologie et de la morphologie clinique, en vue d'encourager la collaboration entre l'anatomie et les disciplines voisines.

Seront publiés en priorité les articles expressément demandés nous tiendrons toutefois compte des articles qui nous seront envoyés dans la mesure où ils traitent d'un sujet dans son ensemble et correspondent aux standards des «Résultats». Les publications seront faites en langues anglaise, allemande et française.

Dans l'intérêt d'une publication rapide et d'une large diffusion les travaux publiés paraitront dans des cahiers individuels, diffusés séparément: 6 cahiers forment un volume.

En principe, seuls les manuscrits qui n'ont encore été publiés ni dans le pays d'origine ni à l'étranger peuvent nous être soumis. L'auteur d'engage en outre à ne pas les publier ailleurs ultérieurement.

Les auteurs recevront 25 exemplaires gratuits de leur publication.

Die Ergebnisse dienen der Veröffentlichung zusammenfassender und kritischer Artikel aus dem Gesamtgebiet der normalen Anatomie (Cytologie, Histologie, Cyto- und Histochemie, Elektronenmikroskopie, Makroskopie, experimentelle Morphologie und Embryologie und vergleichende Anatomie). Aufgenommen werden ferner Arbeiten anthropologischen und morphologisch-klinischen Inhaltes, mit dem Ziel die Zusammenarbeit zwischen Anatomie und Nachbardisziplinen zu fördern.

Zur Veröffentlichung gelangen in erster Linie angeforderte Manuskripte, jedoch werden auch eingesandte Arbeiten und Originalmitteilungen berücksichtigt, sofern sie ein Gebiet umfassend abhandeln und den Anforderungen der „Ergebnisse" genügen. Die Veröffentlichungen erfolgen in englischer, deutscher oder französischer Sprache.

Die Arbeiten erscheinen im Interesse einer raschen Veröffentlichung und einer weiten Verbreitung als einzeln berechnete Hefte; je 6 Hefte bilden einen Band.

Grundsätzlich dürfen nur Manuskripte eingesandt werden, die vorher weder im Inland noch im Ausland veröffentlicht worden sind. Der Autor verpflichtet sich, sie auch nachträglich nicht an anderen Stellen zu publizieren.

Die Mitarbeiter erhalten von ihren Arbeiten zusammen 25 Freiexemplare.

Manuscripts should be addressed to/Envoyer les manuscrits à/Manuskripte sind zu senden an:

Prof. Dr. A. BRODAL, Universitetet i Oslo, Anatomisk Institutt, Karl Johans Gate 47 (Domus Media), Oslo 1/Norwegen.

Prof. W. HILD, Department of Anatomy, The University of Texas Medical Branch, Galveston, Texas 77550 (USA).

Prof. Dr. R. ORTMANN, Anatomisches Institut der Universität, 5 Köln-Lindenthal, Lindenburg.

Prof. Dr. T. H. SCHIEBLER, Anatomisches Institut der Universität, Koellikerstraße 6, 87 Würzburg.

Prof. Dr. G. TÖNDURY, Direktion der Anatomie, Gloriastraße 19, CH-8006 Zürich.

Prof. Dr. E. WOLFF, Collège de France, Laboratoire d'Embryologie Expérimentale, 49 bis Avenue de la belle Gabrielle, Nogent-sur-Marne 94/France.

Ergebnisse der Anatomie und Entwicklungsgeschichte
Advances in Anatomy, Embryology and Cell Biology
Revues d'anatomie et de morphologie expérimentale
41 · 2

Editores

A. Brodal, Oslo · W. Hild, Galveston · R. Ortmann, Köln
T. H. Schiebler, Würzburg · G. Töndury, Zürich · E. Wolff, Paris

Inhalt

Einleitung

Durch die Anwendung biochemischer und histochemischer Methoden sowie der Elektronenmikroskopie hat die entwicklungsgeschichtliche Forschung in den letzten Jahren eine starke Entfaltung erfahren. Dies verwundert nicht, da ein tieferes Verständnis der entwicklungsgeschichtlichen Vorgänge nur bei Berücksichtigung der auch im molekularen und submikroskopischen Bereich ablaufenden Differenzierungsprozesse zu gewinnen ist. Der Schwerpunkt der chemisch ausgerichteten embryologischen Studien liegt in der Frühentwicklung. Vergleichsweise wenige Arbeiten befassen sich mit der genannten Problematik in der letzten Phase der Entwicklung, in der die Organogenese vor ihrem Abschluß steht und durch die Funktionsaufnahme ihr besonderes Gepräge erhält. Da in dieser Periode mit konventionellen histologischen Methoden meist keine Veränderungen mehr zu beobachten sind, sind histochemische und elektronenmikroskopische Untersuchungen besonders geeignet, evtl. vorhandene weitere Differenzierungsvorgänge aufzudecken und den Entwicklungsablauf auch in funktioneller Hinsicht besser zu charakterisieren. Die vorliegende Studie über die Entwicklung des Dünndarms der Ratte soll hierzu einen Beitrag leisten.

Im Mittelpunkt dieser Untersuchung stehen die *Entwicklung der Feinstruktur und die Chemodifferenzierung des fetalen und postnatalen Jejunums.* Auf die Histogenese des Organs wird nur am Rande eingegangen, da entsprechende Untersuchungen vorliegen (HILTON, 1902; HUMMEL, 1935; KAMMERAAD, 1942). Im Rahmen feinstruktureller Untersuchungen, die bisher nur für die Entwicklung der Saum- (BEHNKE, 1963; DUNN, 1967; HAYWARD, 1967a, b) und Panethschen Körnerzellen (BEHNKE u. MOE, 1964) durchgeführt wurden, interessiert in funktioneller Hinsicht vor allem die *Differenzierung der für die Resorption wichtigen Strukturen* wie Zotten und Saumzellen mit ihren Organellen. Besondere Aufmerksamkeit wird dabei etwaigen pinocytotischen Vorgängen als morphologischem Äquivalent der Flüssigkeits- und Stoffaufnahme gewidmet. Im Hinblick auf sekretorische Vorgänge verdienen Differenzierung und zeitliches Auftreten von *Becherzellen, enterochromaffinen Zellen sowie Panethschen Körnerzellen* Beachtung.

In die während der Organogenese ablaufenden stofflichen Veränderungen geben Untersuchungen über die Chemodifferenzierung Aufschluß. Hierunter werden die Veränderungen verstanden, denen die verschiedenen Zellen, Gewebe und Organe in cyto- und histochemischer Hinsicht von ihrer Entstehung bis zum Erreichen des erwachsenen Zustandes unterliegen (SCHIEBLER, 1967). Besonderer Wert wird in dieser Studie auf die *enzymatische Differenzierung* gelegt. Da die biochemische Leistungsfähigkeit von Zellen und Organen in erster Linie durch deren Enzymgehalt bestimmt wird (vgl. DUSPIVA, 1955) und ein hoher Prozentsatz des Zelleiweißes Enzymprotein darstellt, sind enzymhistochemische Untersuchungen besonders geeignet, Einblick in Differenzierungsvorgänge und die Funktionstüchtigkeit des sich entwickelnden Darmes zu geben. Dabei wird man ein um so umfassenderes Bild des Differenzierungsprozesses erhalten, je mehr Enzyme untersucht werden. Eine Beschränkung der Zahl der untersuchten Enzyme wird jedoch durch die bei embryologischen Untersuchungen erforderliche große Anzahl von Entwicklungsstadien nötig (vgl. Sasse, 1968). Die vorliegende Studie befaßt sich daher mit der Entwicklung einiger repräsentativer, histochemisch nachweisbarer Enzyme. Untersucht werden: alkalische und saure Phosphatase (Phosphomonoesterasen), unspezifische Esterase (Carboxylesterhydrolase), Leucinaminopeptidase (Peptidase), Maltase (Disaccharidase), Glucose-6-phosphatdehydrogenase (Pentosephosphatcyclus), Succinatdehydrogenase (Citratcyclus), α-Glycerophosphatdehydrogenase u. Lactatdehydrogenase (anaerober Stoffwechsel), β-Hydroxibuttersäuredehydrogenase (Fettstoffwechsel), Glutamatdehydrogenase (Eiweißstoffwechsel), sowie NADH- und NADPH-Diaphorase (Wasserstofftransportsystem).

Im einzelnen soll geklärt werden, in welchem Stadium der Organogenese die genannten Enzyme auftreten, wie sich die Enzymaktivitäten in den verschiedenen Darmanteilen in der Folgezeit verhalten und in welchem Entwicklungsstadium das Enzymmuster des Jungtieres dem des Erwachsenen gleicht.

Um direkten Einblick in die funktionelle Leistungsfähigkeit des fetalen Darmes zu bekommen und um den Zeitpunkt seiner Funktionsaufnahme exakt zu erfassen, werden im zweiten Teil der Arbeit *experimentelle Untersuchungen* durchgeführt. Feten verschiedenen Alters werden elektronenmikroskopisch nachweisbare, resorbierbare Substanzen (Öl und Ferritin) per os bzw. unmittelbar enteral zugeführt und deren Schicksal im Jejunum untersucht. Besonders wird dabei auf die Strukturen geachtet, die Rückschlüsse auf Resorptionsmechanismen zulassen, da es denkbar ist, daß sich erwachsener und fetaler Darm diesbezüglich unterscheiden.

Ein weiteres Ziel der experimentellen Untersuchungen ist es schließlich, *Faktoren zu erfassen, die während der Organogenese modellierend auf das Enzymmuster einwirken.* Unter den zahlreichen in Frage kommenden Faktoren interessieren im Rahmen dieser Studie vor allem der Einfluß der *Nahrungsaufnahme und der Nebennierenrindenhormone.* Da es in der frühen postnatalen Entwicklungsphase Schwierigkeiten bereiten dürfte, den Einfluß der Nahrungszufuhr gegen andere Faktoren, wie z. B. den Geburtsstress, abzugrenzen, soll im Zusammenhang mit den oben erwähnten Experimenten der Einfluß der Nahrungsaufnahme auf das Enzymmuster des fetalen Darmes untersucht werden. Hierzu werden Feten verschiedenen Alters Fett, Kohlenhydrate und Eiweiß per os zugeführt und der Darm einige Stunden später enzymhistochemisch untersucht.

Den Einfluß von Nebennierenrindenhormonen auf das Enzymmuster des sich entwickelnden Darmes zu untersuchen, ist naheliegend, weil diese Hormone z. B. das Auftreten der alkalischen Phosphatase (Moog, 1953, Maus; Moog u. Ford, 1957, Moog u. Richardson, 1955, Hühnchen; Hébert, 1950, Ross u. Goldsmith, 1955, Halliday, 1959, Ratte), unspezifischen Esterase (Richardson, Berkowitz u. Moog, 1955, Hühnchen) und Invertase (Doell u. Kretschmer, 1964, Ratte) im Darm beschleunigen und verstärken und es denkbar ist, daß sie auf andere Enzyme des Darmes ähnlich wirken und möglicherweise eine Erklärung für die während der Organogenese auftretenden Veränderungen des Enzymmusters geben. Zur Klärung der Frage, welche Rolle Nebennierenrindenhormone bei der Chemodifferenzierung spielen, soll ferner geprüft werden, wie sich das Enzymmuster des sich entwickelnden Darmes unter *pharmakologischer Blockierung der Nebennierenrindenfunktion* durch Metopiron verhält. — Zum besseren Verständnis der an Feten und Jungtieren erhobenen Befunde werden zunächst der licht-

und elektronenmikroskopische Aufbau sowie das Enzymmuster des erwachsenen Rattendünndarms beschrieben.

Material und Methodik

Das Untersuchungsgut umfaßt 304 männliche und weibliche Wistarratten eigener Zucht. Für das Studium der normalen Entwicklung wurden hiervon 156 verwendet, und zwar vom 14. Embryonal- bis zum 31. Lebenstag jeweils 1—11 Tiere pro Tag, vom 34., 38., 58., 60., 72., 87., 88., 94., 97., 111. und 154. Lebenstag jeweils 1—3 Tiere (Paraffintechnik 19 Tiere, Elektronenmikroskopie 50 Tiere, Fermenthistochemie 71 Tiere) sowie 16 erwachsene Ratten (150—300 g) als Kontrollen (Paraffintechnik 3 Tiere, Elektronenmikroskopie 5 Tiere, Fermenthistochemie 8 Tiere). Experimentelle Untersuchungen wurden an 148 Ratten durchgeführt, und zwar an 63 19—21 Tage alten Feten Fütterungsversuche (Fett: 14 für Elektronenmikroskopie, 16 für Fermenthistochemie; Glucose: 8 für Fermenthistochemie; Eiweiß: 3 für Fermenthistochemie; Ferritin: 22 für Elektronenmikroskopie); 22 bei Versuchsbeginn 1—21 Tage alte männliche Ratten erhielten Hydrocortison, 13 10—24 Tage alte sowie 2 erwachsene männliche Ratten Metopiron; 2 erwachsene Ratten wurden beidseitig ovariektomiert; 48 Tiere dienten als Kontrollen bei den Enzymuntersuchungen.

Tierhaltung. Konventioneller Reinheitsgrad; in Makrolonkäfigen mit Hobelspänen als Einstreu. Altromin-Rattenfutter (Altromin GmbH, Lage/Lippe) in Pellets und Wasser (Trinkflasche) ad libitum. Umgebungstemperatur 22°C.

Altersbestimmung der Feten. Im Prooestrus befindliche Weibchen (Vaginalabstriche nach ALLEN-DOISY) wurden abends dem Bock zugeführt und morgens einzeln gesetzt. Der folgende Tag wurde als 1. Tag der Trächtigkeit gerechnet.

Tötung der Tiere in der Regel um 9.00 Uhr, um evtl. tagesrhythmische Schwankungen des Enzymmusters auszuschließen; meist durch Dekapitation, etwa vom 25. Lebenstag ab in Äthernarkose.

Material. Für die Untersuchungen wurde stets der Anfangsteil des Jejunums verwendet, da sich die verschiedenen Dünndarmabschnitte morphologisch, enzymhistochemisch und auch funktionell unterschiedlich verhalten (JERVIS, 1963; BAINTNER u. VERESS, 1967).

Paraffintechnik. Fixierung: Bouin, 10% Formalin. Schnittdicke 5 μ. Färbungen: Hämatoxylin-Eosin, Azan, v. Gieson, PAS-Hämalaun, Astrablau (1% in 1%iger Essigsäure)-Kernechtrot, Alcianblau (0,1% in 3%iger Essigsäure)-Kernechtrot, PAS—Hämalaun—Lichtgrün (v. MAYERSBACH, 1961), Gallocyanin-Chromalaun nach EINARSON (BARKA u. ANDERSON, 1963), Tryptophan-Nachweis nach ADAMS (BARKA u. ANDERSON, 1963).

Elektronenmikroskopie. Fixierung: pränatal: 1%ige phosphatgepufferte (0,1 m, pH 7,4) Osmiumsäure; postnatal: mit 5% Rohrzuckerzusatz. Bei erwachsenen Ratten auch in 3%igem Glutaraldehyd (0,1 m Phosphatpuffer, pH 7,3) mit 2—4 m Mol Calciumchlorid und anschließend 1%iger Osmiumsäure (Phosphatpuffer, 0,1 m, pH 7,3) bei Zimmertemperatur (vgl. CARDELL, BADENHAUSEN u. PORTER, 1967). Fixierungsdauer 1—3 Std.

Elektronenmikroskopisch-histochemischer Nachweis der sauren Phosphatase: Fixierung: 6,5%iger Glutaraldehyd (Cacodylatpuffer, 0,1 m, pH 7,2—7,4), 1 Std. 40—60 μ dicke Kryostatschnitte. Inkubationsmedium: nach GOMORI (Bleimethode). Bebrütungsdauer 3—4 Std. Nachfixierung der inkubierten Kryostatschnitte in 1%iger Osmiumsäure.

Entwässerung über Äthanol und Einbettung in Araldit. Schneiden mit Glasmessern (Porter-Blum-Ultramikrotom) und Auffangen der Schnitte auf Cu-Netzen mit und ohne Formvarfolie. Nachkontrastierung der Schnitte in 7%iger wäßriger Uranylacetat- und Bleihydroxidlösung nach MILLONIG. Elektronenmikroskop: Zeiss EM 9 (mit Kondensor) und Philips EM 300.

Enzymhistochemie. Fermentnachweise an 10 μ dicken Kryostatschnitten nach den Angaben von BARKA u. ANDERSON (1963) für saure Phosphatase nach BURSTONE, unspezifische Esterase (α-Naphthylacetatesterase), Leucinaminopeptidase nach NACHLAS u. Mitarb., α-Glycerophosphatdehydrogenase, β-Hydroxibuttersäuredehydrogenase, Glutamatdehydrogenase (NAD-abhängig), Succinatdehydrogenase, Lactatdehydrogenase, NADH-Diaphorase, NADPH-Diaphorase sowie für alkalische Phosphatase nach GOMORI (PEARSE, 1960), Maltase (LOJDA, 1965) und Glucose-6-phosphatdehydrogenase (ALTMANN u. CHAYEN, 1965).

Fixierung der Kryostatschnitte nur für alkalische Phosphatase und unspezifische Esterase (kaltes Formolcalcium, 10 min) sowie saure Phosphatase (kaltes Aceton, 10 min). Kontrollen: Bebrütung ohne Substrat. Bei den experimentellen Untersuchungen wurden die Schnitte der behandelten und unbehandelten Tiere auf demselben Objektträger bebrütet, um identische Bedingungen zu haben. Die Bebrütungszeit wurde den jeweiligen Bedürfnissen angepaßt. Entwässerung der Schnitte unter stets gleichen Bedingungen in aufsteigender Alkoholreihe. Einbettung in Caedax. Bestimmung der Enzymaktivitäten: visuell durch Vergleich der unter identischen Bedingungen gebildeten Mengen von Reaktionsprodukten bzw. durch Vergleich der bis zum Auftreten eines positiven Reaktionsausfalles benötigten Inkubationszeit. Ungleichmäßig dicke Schnitte wurden nicht ausgewertet.

Fettnachweis. An unfixierten Kryostatschnitten mit Sudanschwarz B nach Lison (Romeis, 1948).

Experimentelle Untersuchungen: Fütterungsversuche an 19—21 Tage alten Feten: Injektion von Sonnenblumenöl (1 ml), 10%ige Glucoselösung (1 ml), teils mit Lichtgrün angefärbt, oder Hühnereiweiß (1 ml) in das Fruchtwasser, das die Feten, wie Voruntersuchungen gezeigt hatten, per os aufnehmen.

Operationstechnik. Es erwies sich als notwendig, die Injektionskanüle transplacentar in das Fruchtwasser einzuführen, da es beim Durchstechen der dünnen Uteruswand und der Fruchthüllen an anderer Stelle nach dem Entfernen der Kanüle zu einem Auslaufen der injizierten Substanzen und des Fruchtwassers durch den Stichkanal kommt. Laparotomie des Muttertieres in Äthernarkose. Freilegen eines Uterushornes (die Feten der anderen Uterushälfte dienen als Kontrollen) und Abbinden einiger Fruchtknoten. Einstechen einer Injektionskanüle durch Uteruswand und Placenta (etwa 3 mm vom Rand entfernt) schräg in Richtung auf die Dottersack-Placenta-Ansatzstelle. Nach Durchstechen des Dottersackes, meist an einem geringen Widerstand spürbar, Absaugen von 0,5—1,0 ml Fruchtwasser und Injektion der betr. Substanz. Eine nach der Entfernung der Injektionskanüle auftretende geringgradige Blutung sistiert meist sofort. Verschluß der Bauchwunde und Beendigung der Narkose. Tötung der Feten 3—6 Std nach der Injektion.

Ferritinverabreichung. Injektion direkt in das Darmlumen des Fetus, um eine genügend hohe Konzentration zu erzielen. Operatives Vorgehen: zunächst wie oben. Freilegen eines Fetus und Laparotomie im rechten Ober- und Unterbauch. Aufsuchen von Duodenum oder Jejunum unter einem Stereomikroskop und Injektion von geringen Mengen Ferritinlösung (10%ig; Serva, Heidelberg), bis etwa 2 cm des Jejunums hiermit gefüllt sind. 5—45 min (bzw. 20 min bei 19 Tage alten Feten) nach der Injektion Entnahme dieses Darmabschnittes und Tötung des Fetus. Es wurde stets darauf geachtet, daß die Nabelschnurgefäße des betreffenden Fetus bis Versuchsende gut durchblutet waren.

Hydrocortisonverabreichung. Bei Versuchsbeginn 1—21 Tage alte männliche Ratten erhielten 3 Tage lang 1,25 mg Hydrocortisonacetat-Kristallsuspension „Hoechst"[1]/10 g Körpergewicht/Tag in 2 Dosen intramuskulär injiziert. Als Kontrollen dienten unbehandelte männliche Tiere desselben Wurfes. Auf Injektionen von physiologischer Kochsalzlösung oder des betr. Vehikels wurde zur Vermeidung von Stressreaktionen verzichtet.

Metopironbehandlung. Bei Versuchsbeginn 10—24 Tage alte bzw. erwachsene männliche Ratten erhielten 3 bzw. in 3 Fällen 8 Tage lang 2,5 mg Metopiron[1] als Reinsubstanz, gelöst in physiol. Kochsalzlösung (25 mg/ml)/10 g Körpergewicht/Tag in 2 Dosen intraperitoneal injiziert. Für die Kontrolltiere gilt das gleiche wie bei der Hydrocortisonbehandlung.

Befunde

I. Erwachsene Ratten

1. Lichtmikroskopischer Aufbau des Jejunums

Die Wand des Rattenjejunums besteht von innen nach außen aus folgenden Schichten: 1. Tunica mucosa (Schleimhaut), 2. Tela submucosa, 3. Tunica muscularis (Muskelhaut) und 4. Tunica serosa (Bauchfell).

---

[1] Für die Überlassung von Versuchsmengen danke ich den Farbwerken Hoechst AG, Frankfurt (M) - Hoechst (Hydrocortison) sowie der Ciba AG, Wehr/Baden (Metopiron).

Die Schleimhaut, die durch die Ausbildung von Zotten eine starke Oberflächenvergrößerung erfährt, wird von einem einschichtigen hochprismatischen Epithel, einer darunter gelegenen Bindegewebsschicht (Lamina propria) sowie einer dünnen Schicht glatter Muskulatur, der Lamina muscularis mucosae, gebildet.

In dem die Darmzotten überziehenden Epithel lassen sich zwei Zelltypen nachweisen. Die am häufigsten vorkommenden Zellen sind die Enterocyten oder Saumzellen. Sie zeichnen sich durch einen PAS- bzw. Alcianblau-positiven Bürstensaum aus. Der zweite Zelltyp wird durch die schleimproduzierenden Becherzellen verkörpert. Ihr Sekret ist PAS-, Alcianblau- bzw. Astrablau-positiv. Gealterte Zellen werden im Bereich der Zottenspitze aus dem Zellverband ausgestoßen.

Zwischen den Zotten senken sich schlauchförmige Gebilde, die Lieberkühnschen Krypten, bis zur Muscularis mucosae in die Tiefe. Sie enthalten undifferenzierte, sich lebhaft mitotisch teilende Zellen, die die Vorläufer von Enterocyten und Becherzellen sind. Ferner kommen in ihnen primitive Saum- und Becherzellen sowie enterochromaffine Zellen (gelbe, helle oder basalgekörnte Zellen) vor. Panethsche Körnerzellen ließen sich im Anfangsteil des Jejunums auch bei Anwendung spezieller Färbemethoden (z. B. Tryptophan-Nachweis) nicht nachweisen. Im Kryptenepithel vereinzelt vorkommende Zellen mit oxiphilen Granula sind keine Panethschen Körnerzellen, sondern das Epithel durchwandernde eosinophile Granulocyten.

Das Zottenstroma besteht aus retikulärem Bindegewebe, in das Blut- und Lymphgefäße, Plasmazellen, Lymphocyten, Mastzellen, Makrophagen, eosinophile Granulocyten und glatte Muskelzellen eingelagert sind. Das intramurale Nervensystem wird von dem in der Submucosa gelegenen Plexus submucosus (MEISSNER) und dem zwischen Ring- und Längsmuskelschicht liegenden Plexus myentericus (AUERBACH) gebildet.

2. Elektronenmikroskopische Befunde

Enterocyten

Die Enterocyten weisen an der freien Oberfläche einen dichten Saum aus 1,5 μ langen und 0,15 μ breiten Mikrovilli auf. Zur Zottenbasis hin werden die Mikrovilli kürzer. Begrenzt werden sie von einer 110—120 Å dicken Elementarmembran, der von außen ein Filz feinster elektronendichter Partikel angelagert ist. Besonders dicht ist dieser wahrscheinlich aus Mucopolysacchariden bestehende Besatz (ITO, 1965) im Bereich der Mikrovillispitzen. Im Zentrum der Mikrovilli befinden sich 25—30 parallel verlaufende Filamente von ca. 60 Å Dicke, die etwa 4000 Å tief in das terminale Netzwerk hinabreichen und sich mit den dort liegenden Filamenten verflechten.

Das terminale Netzwerk des Enterocyten ist eine etwa 5000 Å breite, unmittelbar unter den Mikrovilli gelegene Zone, in der Ribosomen, Mitochondrien sowie glattes und rauhes endoplasmatisches Reticulum fehlen. Neben den bereits erwähnten Filamenten kommen hier rundliche bis längliche bläschenförmige Gebilde vor, die sich von grübchenförmigen Einsenkungen des zwischen den Mikrovilli gelegenen apikalen Plasmalemms herleiten. Im Bereich des terminalen Netzwerkes beobachtet man ferner etwa 0,5 μ große multivesiculäre Körper sowie Lysosomen.

Unmittelbar unter dem terminalen Netzwerk liegt eine relativ schmale Zone, in der hauptsächlich glattes endoplasmatisches Reticulum vorhanden ist. Rauhes endoplasmatisches Reticulum und vorwiegend parallel zur Längsachse der Zelle angeordnete Mitochondrien vom Crista-Typ sowie Lysosomen befinden sich in großer Menge zwischen der Zone des glatten endoplasmatischen Reticulums und dem ausgedehnten, unmittelbar supranucleär gelegenen Golgi-Apparat. Dieser besteht in der Regel aus 4 dicht aneinandergelagerten, parallelen Doppellamellen, die am Ende meist zisternenartig erweitert sind. In den Erweiterungen kommen zahlreiche feinste Fetttropfen vor.

Der Zellkern liegt in der basalen Zellhälfte. Er ist oval und besitzt einen deutlichen Nucleolus. Der perinucleäre Raum ist nicht sonderlich erweitert.

Das basale Cytoplasma ist reich an freien Ribosomen und Mitochondrien. Rauhes endoplasmatisches Reticulum ist spärlich. In einigen Zellen kommen gehäufte runde, ovale bzw. hantelförmige, von einer Membran umgebene osmiophile Gebilde vor, die möglicherweise Lysosomen darstellen. Die runden haben einen Durchmesser von etwa 1500 Å.

Das seitliche Plasmalemm des Enterocyten ist mit dem der Nachbarzellen eng verzahnt und besitzt unmittelbar unter dem Darmlumen Zonulae occludentes, Zonulae adhaerentes und Desmosomen (Maculae adhaerentes) (Farquhar u. Palade, 1963). Das basale Plasmalemm ruht auf einer ca. 1500 Å dicken Basalmembran. Erweiterte Intercellularräume sind im Bereich der Enterocyten selten.

Becherzellen

Diese zeichnen sich in gefülltem Zustand durch das Vorkommen von zahlreichen im apikalen Zytoplasma gelegenen dicht gedrängten, meist polygonalen elektronendichten Partikeln mit einem Durchmesser bis zu 0,5 μ aus. Durch die Sekretansammlung sind die hochprismatischen Zellen apikal kelchartig erweitert. Entleerte Becherzellen enthalten apikal nur noch vereinzelt Sekretgranula, die den Zellrand bevorzugen. Das Zentrum des „Bechers" ist stattdessen mit mäßig elektronendichtem, feingranulärem Material angefüllt.

Weitere typische Kennzeichen der Becherzellen sind der Reichtum an erweitertem rauhen endoplasmatischen Reticulum sowie ein stark entwickelter, supranucleär gelegener Golgi-Apparat. Mitochondrien sind relativ spärlich. Schleimgranula geringerer Elektronendichte und Größe kommen bevorzugt in der Nähe des Golgi-Apparates vor. Der Zellkern ist oval. Er liegt im basalen Cytoplasma.

Enterochromaffine Zellen

Diese Zellen besitzen in ihrem basalen Cytoplasma zahlreiche runde bis ovale Granula von 2000—3000 Å Durchmesser. Die Granula verfügen in der Regel über einen elektronendichten Inhalt und eine umgebende Membran. Einige enthalten in dem dazwischen liegenden Raum feingranuläres, mäßig elektronendichtes Material. Neben rauhem endoplasmatischen Reticulum, freien Ribosomen und Mitochondrien vom Crista-Typ kommen feinste, in Bündeln angeordnete Filamente vor.

Zottenstroma, Submucosa und Muscularis

Im Zottenstroma liegen die Bindegewebszellen wie bei der Maus (Deane, 1964) dicht gedrängt, die Intercellularsubstanz ist spärlich. Ferner beobachteten wir zahlreiche Plasmazellen sowie Reticulumzellen, eosinophile Granulocyten, Makrophagen und glatte Muskelzellen. Mastzellen und Schollenleukocyten fallen durch zahlreiche ca. 0,6 bzw. bis zu 1,2 μ große, elektronendichte Granula im Cytoplasma auf (vgl. KENT, 1966). Im Zottenstroma kommen marklose Nervenfasern vor, die vereinzelt elektronendichte Granula von ca. 800 Å Durchmesser (Katecholamingranula) enthalten.

In der Submucosa und Lamina muscularis interessieren im Rahmen dieser Studie hauptsächlich marklose Nervenfasern und Ganglienzellen. Die Nervenfasern bestehen aus granulafreien und katecholamingranulahaltigen Axonen. Die Katecholamingranula sind meist rund und haben einen Durchmesser von 800—1100 Å. Alle Axone enthalten Neurotubuli und Mitochondrien. Die Ganglienzellen besitzen reichlich rauhes endoplasmatisches Reticulum, einen gut entwickelten Golgi-Apparat sowie in großer Zahl Lysosomen und Mitochondrien.

3. Fermenthistochemische Befunde

Alkalische Phosphatase (vgl. JOHNSON u. KUGLER, 1953; JERVIS, 1963) besitzt im Jejunum der erwachsenen Ratte eine relativ starke Aktivität. 1 min Inkubationszeit ist zur Erzielung eines gut beurteilbaren positiven Reaktionsausfalles ausreichend. Das Reaktionsprodukt beschränkt sich auf die apikalen $^2/_3$ der Zotten und nimmt nach basal an Menge ab. Es liegt hauptsächlich im Bereich des Bürstensaumes. Das apikale Cytoplasma ist nur leicht angefärbt. Der Schleimpfropf der Becherzellen bleibt bei diesem Nachweis und allen übrigen untersuchten Enzymen frei von Reaktionsprodukt. Zottenstroma, basales Zottendrittel, Lieberkühnsche Krypten sowie die übrigen Anteile der Darmwand reagieren negativ.

Beim Nachweis der *sauren Phosphatase* (vgl. JERVIS, 1963), der ebenfalls nach kurzen Bebrütungszeiten (5 min) positiv ausfällt, reagieren die Enterocyten der oberen zwei Zottendrittel am stärksten positiv. Zur Zottenbasis wird der Reaktionsausfall bedeutend schwächer. Am geringsten ist die Fermentaktivität in den Zellen der Lieberkühnschen Krypten. In allen positiv reagierenden Epithelzellen ist die Fermentaktivität im apikalen Cytoplasma am stärksten und nimmt nach basal ab. Positiv fällt der Fermentnachweis ferner in einigen Zellen des Zottenstromas sowie in den Ganglienzellen der Plexus submucosus und myentericus aus.

Unspezifische Esterase (1, 3, 5 min Bebrütung) zeigt von den bisher beschriebenen Fermenten insofern ein abweichendes Verhalten, als es auch in den Zellen der Lieberkühnschen Krypten zu einem stark positiven Reaktionsausfall kommt (vgl. FRIEDMAN, STRACHAN u. DEWEY, 1966). Bei der Verwendung unfixierter Kryostatschnitte reagieren sie häufig sogar stärker positiv als die reifen Enterocyten. Nach Vorfixierung (FoCa, 10 min) findet sich jedoch die größte Reaktionsintensität in den reifen Enterocyten, bei denen sich das unmittelbar unter dem Bürstensaum gelegene Cytoplasma intensiver anfärbt als das in den übrigen Zellabschnitten. Der Bürstensaum bleibt frei von Reaktionsprodukt. Ähnlich ist die Lokalisation des Fermentes in den Kryptenzellen. Durch einen positiven Reaktionsausfall zeichnen sich ferner die Ganglienzellen des Plexus submucosus und myentericus aus.

Beim Nachweis der *Leucinaminopeptidase* (5, 15, 30 min Bebrütung) ist das Reaktionsprodukt vor allem in den Epithelzellen des mittleren Zottendrittels abgelagert. Zur Zottenspitze und -basis hin wird der Reaktionsausfall bedeutend schwächer. Die Zellen der Lieberkühnschen Krypten reagieren negativ. In den Enterocyten färbt sich der Bereich des Bürstensaumes am stärksten an, etwas schwächer das supranucleäre Cytoplasma. Das basale Cytoplasma ist nur leicht tingiert.

Beim *Maltase*-Nachweis (12—24 Std Bebrütung) tritt das Reaktionsprodukt gehäuft im Bereich des Bürstensaumes und im apikalen Cytoplasma der Enterocyten auf. Am stärksten ist der Reaktionsausfall in der oberen Zottenhälfte; zur Zottenbasis hin wird er zunehmend schwächer.

Glucose-6-phosphatdehydrogenase (5, 10, 15 min Bebrütung) besitzt die größte Aktivität im Epithel der oberen Zottenhälfte. Zur Zottenbasis hin wird der Reaktionsausfall deutlich schwächer. Am geringsten ist die Fermentaktivität in den Zellen der Lieberkühnschen Krypten und des Zottenstromas. In den Enterocyten ist die stärkste Anfärbung im apikalen Cytoplasma zu finden. Häufig gewinnt man den Eindruck, daß auch der Bürstensaum positiv reagiert. Bei den insgesamt schwach reagierenden Kryptenzellen färbt sich das supranucleäre Cytoplasma ebenfalls stärker an als das basale. In der Lamina muscularis, die nur mäßig fermentaktiv ist, heben sich Ganglienzellen und lange strangförmige Gebilde durch eine intensive Anfärbung deutlich von ihrer Umgebung ab.

Beim Nachweis der α-*Glycerophosphatdehydrogenase* (30 und 60 min Bebrütung) färbt sich das Epithel in allen Zottenabschnitten etwa gleich stark an. Die Kryptenzellen reagieren dagegen deutlich schwächer. In den reifen Enterocyten ist der Reaktionsausfall nicht immer identisch. Bei einem Teil der Tiere reagiert das apikale Cytoplasma stärker als das basale, bei anderen ist das Umgekehrte der Fall. In den Kryptenzellen reagiert jedoch stets das apikale Cytoplasma stärker als das basale. Lamina muscularis und die Ganglienzellen der Darmwand zeichnen sich durch eine mittelstarke Fermentreaktion aus. Am schwächsten ist die Fermentaktivität im Zottenstroma und in der Submucosa.

Glutamatdehydrogenase (30, 60 min Inkubationszeit) besitzt eine ähnliche Verteilung wie α-Glycerophosphatdehydrogenase. Auch bei diesem Fermentnachweis reagiert das basale Cytoplasma der Enterocyten gelegentlich stärker als das apikale. Unterschiede bestehen insofern, als die Kryptenzellen apikal einen relativ starken Reaktionsausfall zeigen. Die glatte Muskulatur und die Ganglienzellen der Darmwand haben eine mittelstarke Fermentaktivität.

Der Nachweis der β-*Hydroxibuttersäuredehydrogenase* (30, 60 min Inkubationszeit) fällt nicht immer gleichmäßig aus. Bei einigen Tieren reagieren die Enterocyten im gesamten Zottenbereich etwa gleich stark, bei anderen die der basalen Zottenhälfte deutlich schwächer. Auffallend ist ferner eine relativ starke Enzymaktivität im apikalen Cytoplasma der Kryptenzellen. Mittelstark reagiert die glatte Muskulatur; deutlich schwächer die Ganglienzellen. Am geringsten ist die Fermentaktivität im Zottenstroma und in der Submucosa.

Beim *Succinatdehydrogenase*-Nachweis (30 und 60 min Bebrütungszeit) färben sich die Enterocyten der oberen Zottenhälfte am intensivsten an. Zur Zottenbasis hin wird der Reaktionsausfall deutlich schwächer. In den Kryptenzellen ist er noch geringer. In den Enterozyten ist die Fermentaktivität apikal und basal etwa gleich stark (vgl. Liu u. Baker, 1963). Gelegentlich färbt sich jedoch das basale Cytoplasma stärker an als das apikale. Mittelstark ist der Reaktionsausfall in der Lamina muscularis und den Ganglienzellen. Das Zottenstroma und die Submucosa sind nur leicht tingiert.

Lactatdehydrogenase (30 und 60 min Bebrütungszeit) besitzt eine ähnliche Verteilung wie Succinatdehydrogenase. Unterschiede bestehen insofern, als das Zottenstroma und die Plexus myentericus und submucosus relativ stark positiv reagieren.

Beim Nachweis der *NADH*- (vgl. LIU u. BAKER, 1963) und *NADPH-Diaphorase* (15 und 30 min Bebrütungszeit) reagieren die in der oberen Zottenhälfte gelegenen Enterocyten am stärksten positiv. Zur Zottenbasis hin nimmt die Reaktionsintensität ab. Am geringsten ist sie in den Zellen der Lieberkühnschen Krypten. Allen Zellen ist gemeinsam, daß sich ihr apikales Cytoplasma stärker anfärbt als das basale. Durch eine mittelstarke Fermentaktivität zeichnet sich die glatte Muskulatur aus. Bedeutend stärker reagieren die Ganglienzellen der Darmwand (vgl. GABELLA, 1967). Bei 30 min Bebrütung ist auch das Zottenstroma relativ gut dargestellt.

II. Entwicklung des Jejunums

1. Lichtmikroskopische Befunde

Im Jejunum der Ratte finden die entscheidenden Vorgänge der Schleimhautdifferenzierung im letzten Viertel der Tragzeit statt. Auf eine Beschreibung der früheren Entwicklungsphasen wird deshalb verzichtet.

Am *15. und 16. Embryonaltag* besteht die innere Auskleidung des Darmrohres aus einem zweireihigen Cylinderepithel, das einer schwach PAS- und Alcianblaupositiven Basalmembran aufsitzt. Zum Darmlumen hin ist das Epithel relativ glatt begrenzt. Häufig erscheint die freie Zelloberfläche verdickt und mit feingranulärem Material besetzt. Die Zellkerne sind relativ groß, mäßig chromatinreich und besitzen deutliche Nucleolen. Die basal gelegenen Kerne sind in der Regel oval, die in der Nähe des Darmlumens überwiegend rund. Mitosen sind häufig und kommen vor allem in den an das Darmlumen angrenzenden Zellen vor. Das Cytoplasma der Epithelzellen ist feingranulär und färbt sich z. B. bei der Hämatoxylin-Eosin- oder Gallocyanin-Chromalaun-Färbung relativ gleichmäßig an. Die apikal gelegenen Zellen sind cytoplasmareicher als die basalen. Die übrigen Zellen der Darmwand erscheinen bei lichtmikroskopischer Untersuchung noch relativ undifferenziert. Ein Schichtenbau des sich an das Epithel anschließenden Gewebes tritt nicht deutlich zutage.

Am *17. Embryonaltag* haben sich die Epithelzellen durch Mitose stark vermehrt. Es resultiert ein mehrreihiges Cylinderepithel, das das Darmlumen stark einengt. Unmittelbar unter dem Epithel liegen Mesenchymzellen relativ dicht beieinander. Es folgt eine Schicht aufgelockerten Gewebes mit weiten Intercellularspalten, in denen gelegentlich schwach tingierte Kollagenfaserbündel zu sehen sind. Am weitesten außen liegen primitive glatte Muskelzellen, die nach innen ringförmig, nach außen in Längsrichtung des Darmes angeordnet sind.

Am *18. Embryonaltag* ist das Epithel zum Darmlumen hin nicht mehr glatt begrenzt (Abb. 1). In mehr oder weniger regelmäßigen Abständen findet man fingerförmige, unterschiedlich tief in das Epithel eindringende Einsenkungen, die der Epitheloberfläche ein höckeriges Aussehen verleihen. Unmittelbar unter dem blinden Ende dieser Einsenkungen kann man häufig Epithelbezirke beobachten, in denen Zellgrenzen zu fehlen scheinen, das Cytoplasma schwächer angefärbt ist und Zellkerne nur undeutlich zu erkennen sind. Ein weiteres typisches Kennzeichen dieses Entwicklungsstadiums ist das Vorkommen relativ großer, intraepithelialer Vakuolen (Abb. 1). Mitosen sind häufig und kommen vor allem in den oberen zwei Dritteln des Epithels vor. Die an das Darmlumen angrenzenden Epithelzellen sind in der Regel kleiner als die basal gelegenen und besitzen überwiegend runde, chromatinreiche Zellkerne. Die Epithelbasis ist im Gegensatz zur stark zerklüfteten Epitheloberfläche relativ glatt (Abb. 1). Nur vereinzelt findet man Stellen, an denen sich das Mesenchym geringgradig in das Epithel hinein vorwölbt. Die Capillarisierung des Mesenchyms ist stärker als am Vortag.

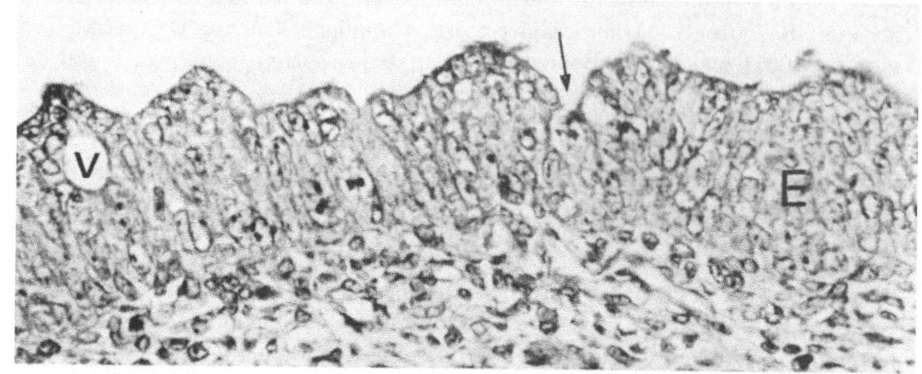

Abb. 1. Ausschnitt aus dem Jejunum eines 18 Tage alten Rattenfetus. Das mehrreihige bis mehrschichtige Epithel (*E*) besitzt an seiner Oberfläche Knospen und Einsenkungen (Pfeil). Die Epithelbasis ist relativ glatt. *V* intraepitheliale Vakuole. Färbung: PAS-Hämalaun. Vergr. 140fach

Am *19. Embryonaltag* sind im Jejunum zahlreiche plumpe Zotten vorhanden (Abb. 2). Sie sind apikal breiter als basal und erscheinen auf histologischen Schnitten kantig. Der Epithelüberzug der Zotten besteht in der Regel aus einem einschichtigen hochprismatischen, an einigen Stellen auch aus einem zweireihigen kubischen Epithel mit einem niedrigen, schwach PAS- und Alcianblau-positiven Bürstensaum. Zur Zottenbasis hin nehmen Höhe und Anfärbbarkeit des Bürstensaumes ab. Mitosen kommen überwiegend im apikalen Zottendrittel vor; an der Zottenbasis sind sie selten. Die im späteren Kryptenbereich gelegenen Epithelzellen zeichnen sich häufig durch eine schwächere Anfärbung des Cytoplasmas und verwaschen erscheinende Zellkerne aus. Hier kommen oft intraepitheliale Vakuolen vor, die einen schwach PAS- und Alcianblau-positiven Rand aufweisen.

Abb. 2. Jejunum eines 19 Tage alten Rattenfetus mit zahlreichen kurzen, plumpen Zotten (*Z*) und einigen primitiven Becherzellen (Pfeil). Färbung: PAS-Hämalaun. Vergr. 51fach

Abb. 3. Jejunum eines 20 Tage alten Rattenfetus. Beachte die starke Zunahme der Becherzellen (Pfeil) im Vergleich zum Vortag (Abb. 2). Färbung: PAS-Hämalaun. Vergr. 40fach

Abb. 4. Jejunum einer 3 Tage alten Ratte. Gallocyanin-Chromalaun-Färbung zur Darstellung der Nucleinsäuren. Die Zellen der Zottenbasis und der flachen Krypten besitzen den höchsten RNS-Gehalt. Vergr. 40fach

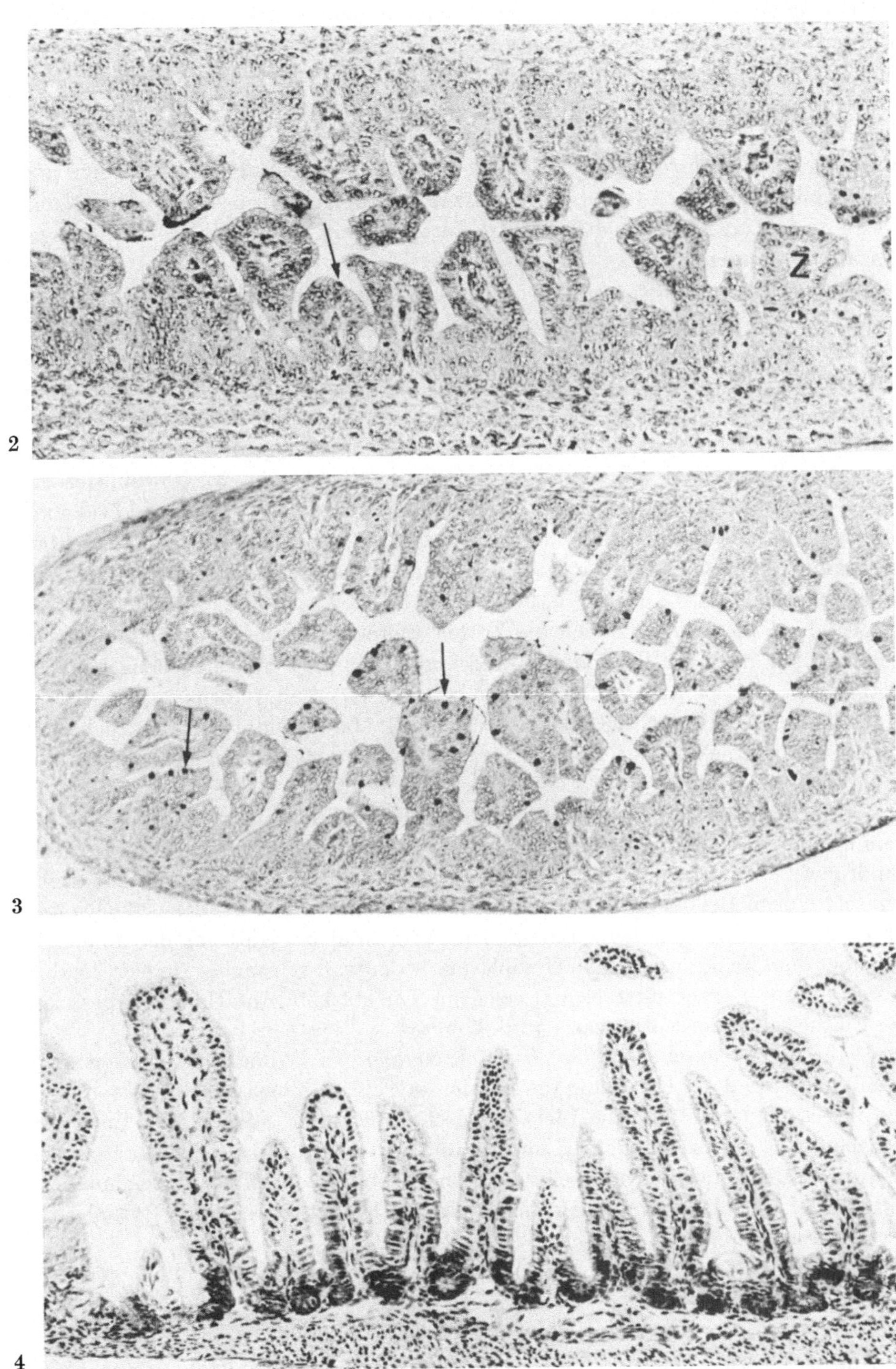

Abb. 2—4

Bei der Anwendung der PAS- und Alcianblaufärbung zeigt sich ferner, daß das Epithel in diesem Entwicklungsstadium nicht nur aus Enterocyten besteht, sondern daß bereits einige primitive Becherzellen vorhanden sind. Diese besitzen einen kleinen, im supranucleären Cytoplasma gelegenen stark rot (PAS-Färbung) bzw. blau (Alcianblau- und Astrablaufärbung) angefärbten Bezirk. Mit der van Gieson-Färbung lassen sich rotgefärbte Bindegewebsfasern im basalen Zottenstroma und in der Submucosa nachweisen. Mit der Azanfärbung gelingt ihr färberischer Nachweis erst am 21. Embryonaltag. — Im Zottenstroma sind Capillaren in geringer Anzahl vorhanden.

Am *20. Embryonaltag* besitzen die Enterocyten supranucleär bedeutend mehr Cytoplasma und ihr Bürstensaum ist höher und stärker PAS- und Alcianblau-positiv als am Vortag. In einigen Enterocyten lassen sich supranucleär kleine PAS-positive Körnchen nachweisen. Mitosen kommen bevorzugt in der Gegend der späteren Krypten vor, nur noch gelegentlich werden sie in der apikalen Zottenhälfte beobachtet. Die Becherzellen haben an Zahl stark zugenommen und fast ihr gesamter supranucleärer Bereich ist von Schleim erfüllt (Abb. 3). Obwohl sich die Zotten gegenüber dem 19. Embryonaltag deutlich verlängert haben, sind sie noch relativ plump und apikal breiter als basal (Abb. 3). Zwischen den beiden Schichten der Lamina muscularis lassen sich lichtmikroskopisch erstmals einige Ganglienzellen nachweisen.

Am *21. Embryonaltag* haben die Zotten weiter an Länge gewonnen. Mitosen kommen nur noch im Bereich der Zottenbasis vor. Der zwischen benachbarten Zotten liegende Spalt ist im Bereich der späteren Krypten Y-förmig gegabelt und faßt undifferenzierte Epithelzellen zwischen sich. Man gewinnt den Eindruck, daß aus diesen Epithelknospen durch Einsprossen von gefäßführendem Mesenchym neue Zotten entstehen.

Am *1. Tag post partum* beginnt die Bildung der Lieberkühnschen Krypten, indem mit einem schmalen Spalt versehene Epithelknospen in das daruntergelegene Bindegewebe vordringen. Die Mehrzahl der Zotten hat die für erwachsene Tiere typische Form. Bei den Enterocyten, deren Cytoplasma sich bei der Gallocyanin-Chromalaun-Färbung bisher relativ gleichmäßig anfärbte, wird nun das unmittelbar über dem Zellkern gelegene Cytoplasma bedeutend schwächer tingiert als das basal und unter dem Bürstensaum gelegene. Die stärkste Anfärbbarkeit besitzen die Epithelzellen der Zottenbasis (vgl. Abb. 4).

Während der *weiteren postnatalen Entwicklung* des Dünndarms entsteht zwischen dem 9. und 11. Lebenstag die Lamina muscularis mucosae; die Zotten werden insgesamt länger und die Lieberkühnschen Krypten tiefer. Gegen Ende der 3. Lebenswoche verschwindet die im supranucleären Cytoplasma der Enterocyten bei Anwendung der Gallocyanin-Chromalaun-Färbung beobachtete ungleichmäßige Anfärbung. Wie bei erwachsenen Tieren färbt sich jetzt das gesamte Cytoplasma der Enterocyten gleichmäßig schwach positiv an.

2. Elektronenmikroskopische Befunde

Am *16. Embryonaltag* sind die das Darmlumen umgebenden hochprismatischen Epithelzellen relativ undifferenziert. Ihre apikalen Pole wölben sich geringgradig in das Darmlumen hinein vor. Mikrovilli fehlen. Vereinzelt kommen relativ plumpe

Zellausstülpungen vor. Der größte Teil des Cytoplasmas wird von freien Ribosomen und Polysomen ausgefüllt. Unmittelbar unter dem apikalen Plasmalemm sind sie nur in geringer Zahl vorhanden. Sie fehlen in einer ca. 2000 Å breiten, an das basale Plasmalemm angrenzenden Zone, wo stattdessen zahlreiche feinste, parallel zum Plasmalemm verlaufende Filamente liegen. Rauhes endoplasmatisches Reticulum ist in der gesamten Zelle spärlich. Glattes fehlt. Der Golgi-Apparat liegt supranucleär. In der Regel besteht er aus 300—500 Å großen, in drei bis vier Reihen angeordneten Vesikeln. In der dem Zellkern zugewandten Konkavität des Golgi-Apparates kann man gelegentlich 1—2 vollständig ausgebildete Lamellen beobachten. Mitochondrien vom Crista-Typ sind im gesamten Cytoplasma relativ gleichmäßig verteilt. Runde, ovale, hantelförmige bzw. polymorphe Gebilde von 1000—3000 Å Durchmesser kommen ausschließlich im basalen Cytoplasma vor. Sie bestehen aus einem mehr oder weniger homogenen, elektronendichten, osmiophilen Material sowie einer nicht immer deutlich erkennbaren einfachen, gelegentlich auch doppelten Membran und liegen in Haufen dicht beieinander. Außer diesen elektronendichten Granula gibt es hier ca. 1000 Å große Vesikel mit hellem Inhalt. In der Nähe der Granulahaufen kann man häufig Einsenkungen und Abschnürungen des basalen und seitlichen Plasmalemms beobachten. Gelegentlich hängen Bläschen — mit und ohne Inhalt — an einem etwa 3000 Å langen Plasmalemmstiel in das Cytoplasma hinein. Der Zellkern liegt in der Zellmitte. Er ist mäßig elektronendicht und besitzt einen deutlichen Nucleolus. Der perinucleäre Raum ist schmal.

Meconiumkörperchen, wie sie von BIERRING et al. (1964) im Darm des Menschen beschrieben wurden, werden gelegentlich supranucleär gefunden. In einigen Zellen kommen apikal zahlreiche mikropinocytotische Bläschen und Einsenkungen des apikalen Plasmalemms vor. Verzahnungen der Epithelzellen sind im Gegensatz zu Zonulae occludentes und Desmosomen (Maculae adhaerentes) noch nicht sehr ausgeprägt. Unmittelbar unter der schmalen Basalmembran (Lamina rara interna ca. 250—300 Å, Lamina densa etwa 150—200 Å breit) liegen einige Gitterfasern. Es folgen Fibroblasten mit stark erweitertem rauhen endoplasmatischen Reticulum und glatte Muskelzellen mit spärlichem Cytoplasma und wenigen Myofilamenten. Zwischen den Muskelzellen kommen vereinzelt marklose Nervenfasern vor. Katecholamingranulahaltige Axone werden in diesem Entwicklungsstadium noch nicht beobachtet.

Am *17. Embryonaltag* sind die Epithelzellen stärker miteinander verzahnt als bisher und besitzen mehr Desmosomen. Zusätzlich zu den bereits am Vortag an der freien Zelloberfläche vorhandenen plumpen Cytoplasmavorwölbungen lassen sich jetzt erstmals einige *Mikrovilli* nachweisen (Abb. 5). Die größten sind etwa 0,3 µ lang und 0,07 µ breit. Basal sind sie geringgradig breiter als apikal. Außer diesen deutlich als Mikrovilli zu identifizierenden Gebilden kommen kurze, schlanke Cytoplasmavorwölbungen vor, die als Vorstufen von Mikrovilli anzusehen sein dürften. Auffallend ist, daß unmittelbar neben ihnen relativ breite und tiefe bzw. schlauchförmige Einsenkungen des apikalen Plasmalemms vorhanden sind. Im Bereich der Vorwölbungen und Einsenkungen ist die Zellmembran meist verdickt und stärker osmiophil. Isoliert liegende Einsenkungen des verdickten Plasmalemms werfen die Frage auf, ob sie Vorstufen von pinocytotischen Bläschen sind oder mit der Mikrovillibildung in Zusammenhang stehen. Im basalen Cytoplasma der Epithelzellen

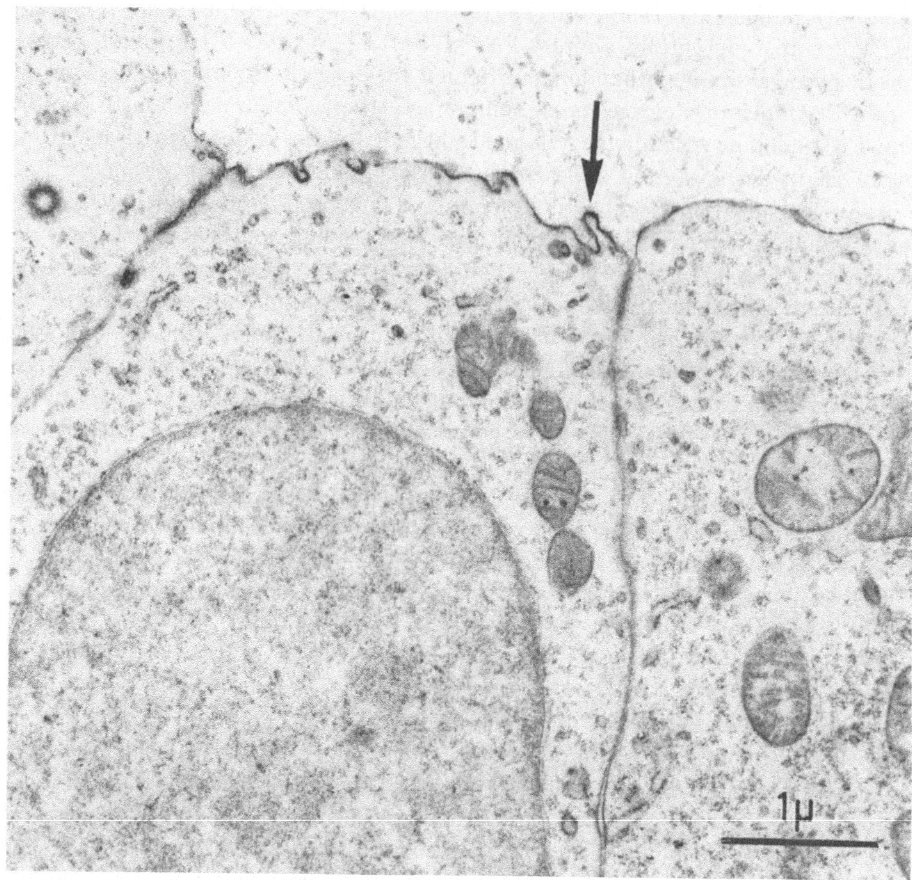

Abb. 5. Jejunum einer Ratte vom 17. Embryonaltag mit beginnender Mikrovillibildung (Pfeil) an der Epitheloberfläche. Zeiss EM 9

haben sich die oben beschriebenen elektronendichten Granula deutlich vermehrt; ebenso die Invaginationen des seitlichen und basalen Plasmalemms.

Für dieses Entwicklungsstadium ist ferner das Vorkommen intraepithelialer, mit Zelldetritus angefüllter Vakuolen typisch, in die Mikrovilli der benachbarten Epithelzellen hineinragen. Lichtmikroskopisch sind diese Vakuolen erst einen Tag später zu erkennen. Vereinzelt werden in den Epithelzellen cytoplasmatische Einschlußkörper mit Mitochondrien, Ribosomen und rauhem endoplasmatischen Reticulum gefunden, wie sie von Moe und Behnke (1962) im Zottenepithel neugeborener Ratten beschrieben wurden. In den Mitochondrien der Epithelzellen kommen von jetzt ab gehäuft *intramitochondriale Granula* vor. In den Muskelzellen der Lamina muscularis haben die Myofilamente stark an Zahl zugenommen, und marklose Nervenfasern sind häufiger als am Vortag anzutreffen.

Am *18. Embryonaltag* haben sich die Mikrovilli der Enterocyten stark vermehrt (Abb. 6), ohne ihre Länge und Breite zu ändern. Das terminale Netzwerk ist relativ schmal. In der Nähe von Mikrovilli ist es geringgradig breiter. In einigen

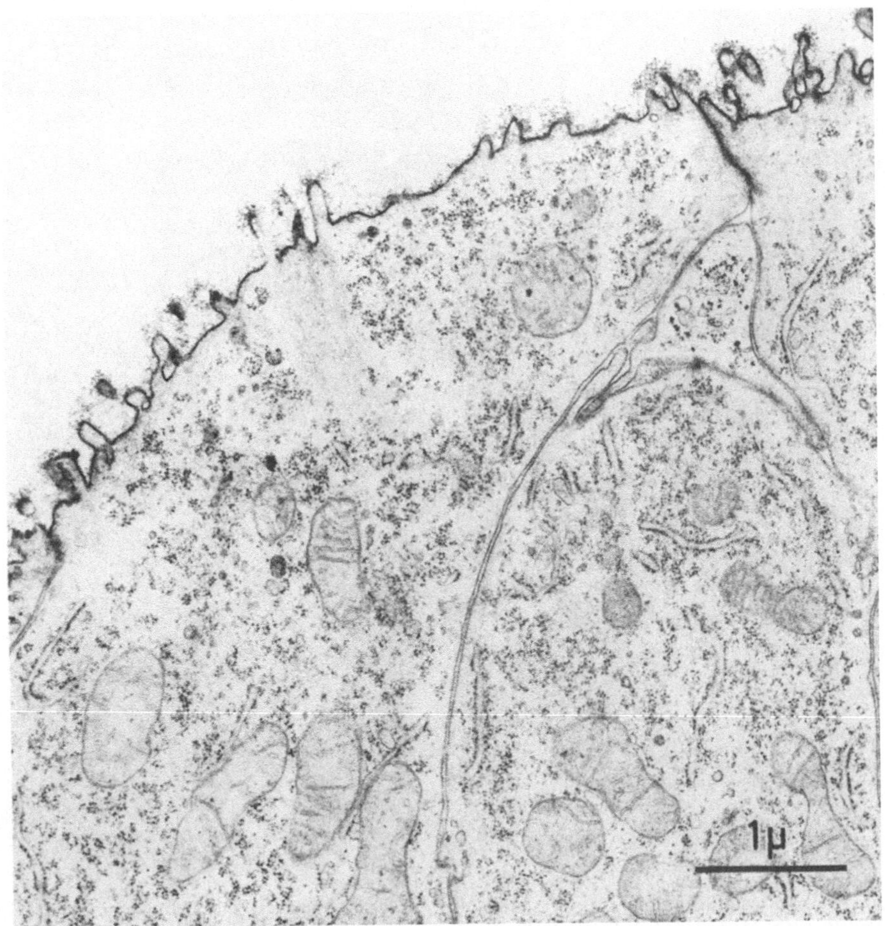

Abb. 6. Enterocyten aus dem Jejunum eines 18 Tage alten Fetus. Die Zellen besitzen bedeutend mehr Mikrovilli als am Vortag (vgl. Abb. 5). Zeiss EM 9

Zellen findet man unmittelbar unter den Mikrovilli, im terminalen Netzwerk, parallel angeordnete Filamente, die in die Mikrovilli einzudringen scheinen.

Die Untersuchung des auch in diesem Stadium verdickten apikalen Plasmalemms bei starken Vergrößerungen ergibt, daß die Elementarmembran etwa 110 Å breit ist und daß sowohl ihrer inneren als auch äußeren elektronendichten Schicht feinste elektronendichte Partikel angelagert sind (Abb. 7). Die innere Schicht ist meist dicker und besser abgrenzbar als die äußere.

Mitochondrien und rauhes endoplasmatisches Reticulum haben in den Epithelzellen im Vergleich zum Vortag nur geringgradig zugenommen. Deutlich vermehrt haben sich jedoch die im basalen Cytoplasma gelegenen elektronendichten Granula. Sie sind saure Phosphatase-haltig und werden als Lysosomen angesehen (HAYWARD, 1967a u. b; VOLLRATH, 1968). Saure Phosphatase läßt sich ferner in dem in Kernnähe gelegenen Golgi-Apparat nachweisen.

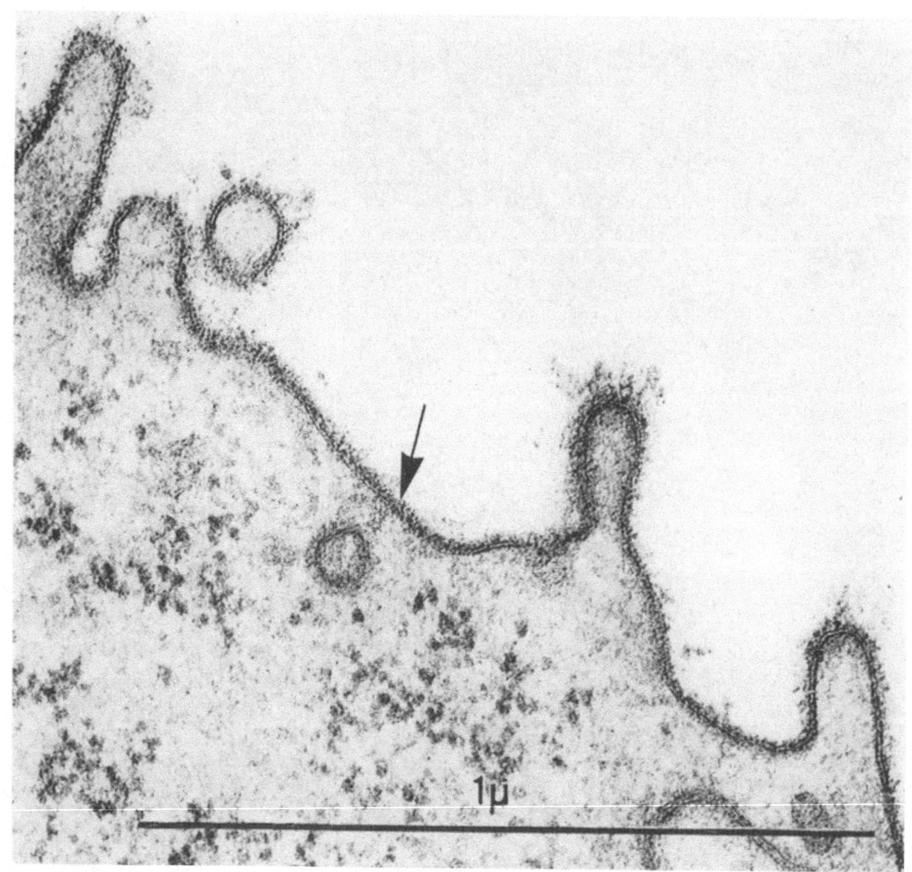

Abb. 7. Apikales Plasmalemm (Pfeil) eines Enterocyten vom 18. Embryonaltag bei starker Vergrößerung. Man erkennt deutlich die Dreischichtung der Membran, der von außen feinste elektronendichte Körnchen angelagert sind. Philips EM 300

Intraepitheliale, von Mikrovilli umsäumte Vacuolen sind auch in diesem Entwicklungsstadium vorhanden. Neu ist das Vorkommen von ca. 2000 Å breiten, tief in das Epithel eindringenden *intercellulären Spalten* (Abb. 8). Sie stehen mit dem Darmlumen in Verbindung und enthalten etwa 1000—2000 Å lange, von angrenzenden Epithelzellen ausgehende, meist schräg gestellte Mikrovilli, die von einem verdickten, stark osmiophilen Plasmalemm begrenzt werden (Abb. 9 u. 10). Zur Epithelbasis hin werden die Spalträume enger und die Mikrovilli kürzer. Hier kommen in regelmäßigen Abständen schlauchförmige Invaginationen der seitlichen Plasmalemmata in das Cytoplasma hinein vor, die wahrscheinlich mit der Mikrovillibildung im Zusammenhang stehen.

Neben Enterocyten lassen sich in diesem Entwicklungsstadium erstmalig *enterochromaffine Zellen* nachweisen. Wie die Enterocyten sind sie hochprismatisch. Sie unterscheiden sich von ihnen dadurch, daß sie supranucleär, in unmittelbarer Nähe des Golgi-Apparates, einige elektronendichte Granula von ca. 1200 Å Durchmesser (Abb. 11) und im gesamten Cytoplasma etwas mehr rauhes endoplasmatisches Reti-

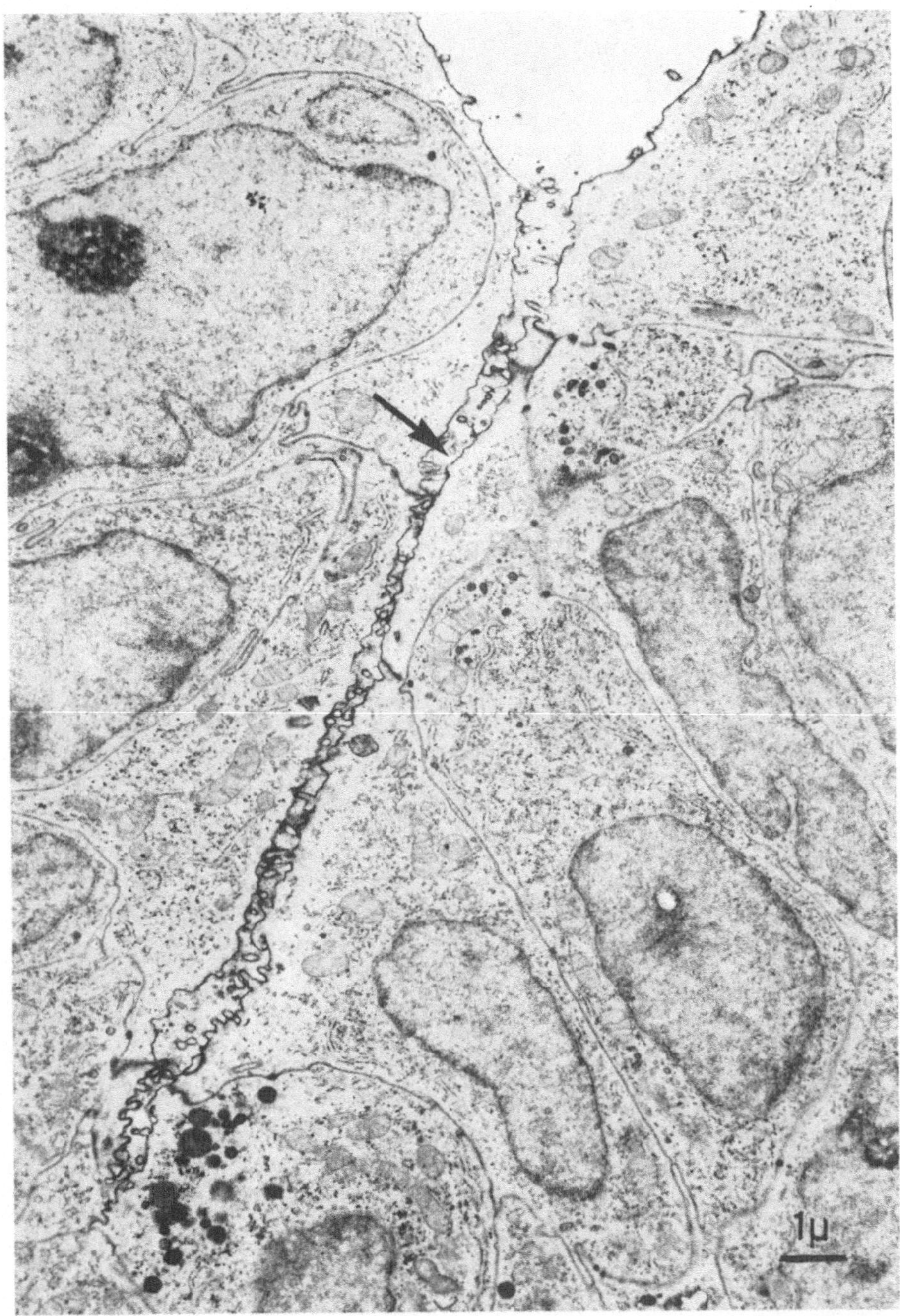

Abb. 8. Ausschnitt aus dem Darmepithel eines 18 Tage alten Rattenfetus mit interzellulärem Spaltraum (Pfeil), der tief in das Epithel eindringt und die Zottenbildung einleitet. Zeiss EM 9

culum besitzen. Im basalen Cytoplasma kommen Sekretgranula zunächst nur sehr selten vor. Wie bei den Zellen erwachsener Tiere bestehen die Granula aus einem

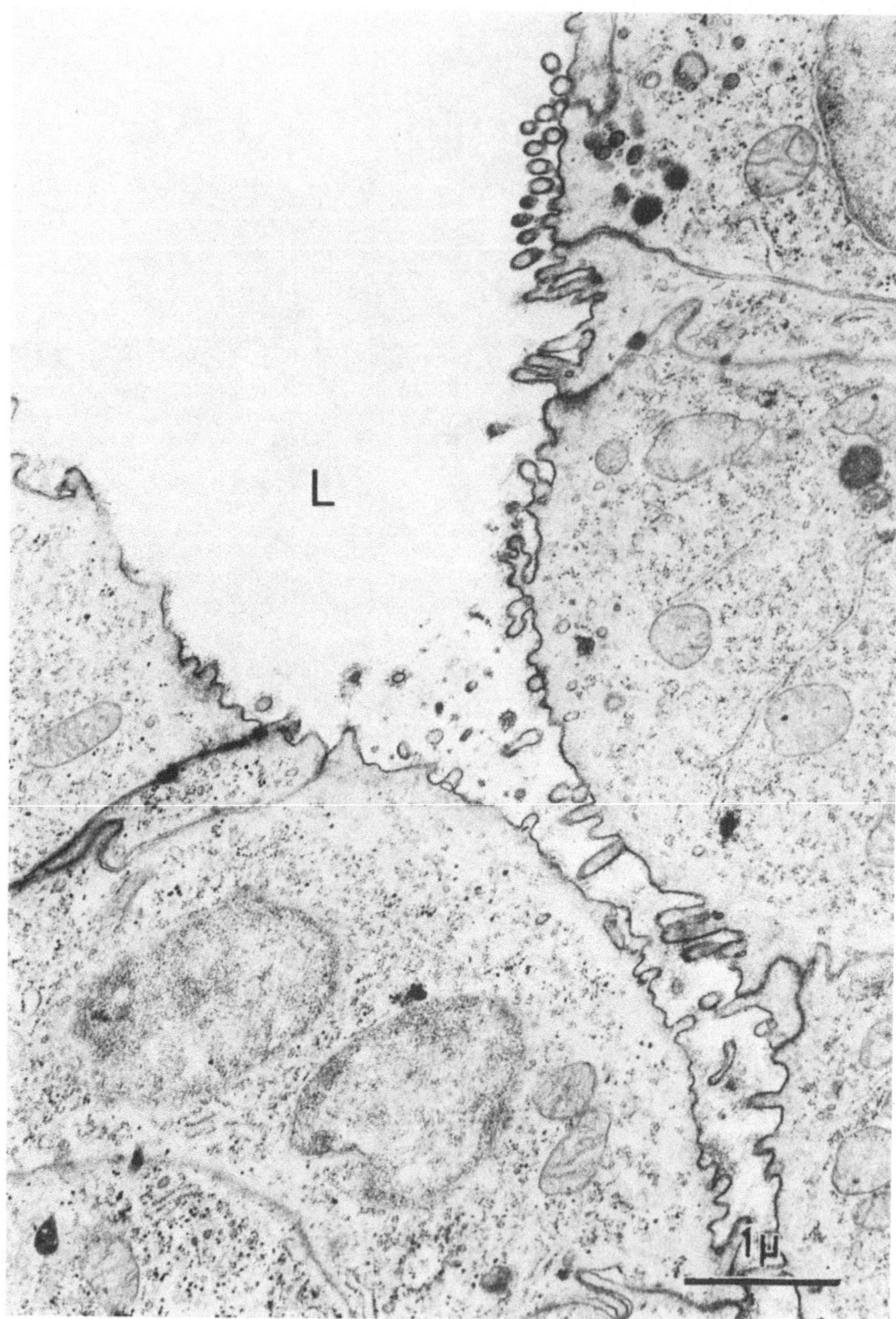

Abb. 9. Übergang vom Darmlumen (*L*) in interzellulären, mit Mikrovilli angefüllten Spaltraum (vgl. Abb. 8). Zeiss EM 9

elektronendichten, osmiophilen Zentrum, das gelegentlich in feingranuläres, weniger elektronendichtes Material eingebettet ist, sowie aus einer umgebenden Membran. Bei einigen Granula liegt das osmiophile Material exzentrisch (Abb. 11).

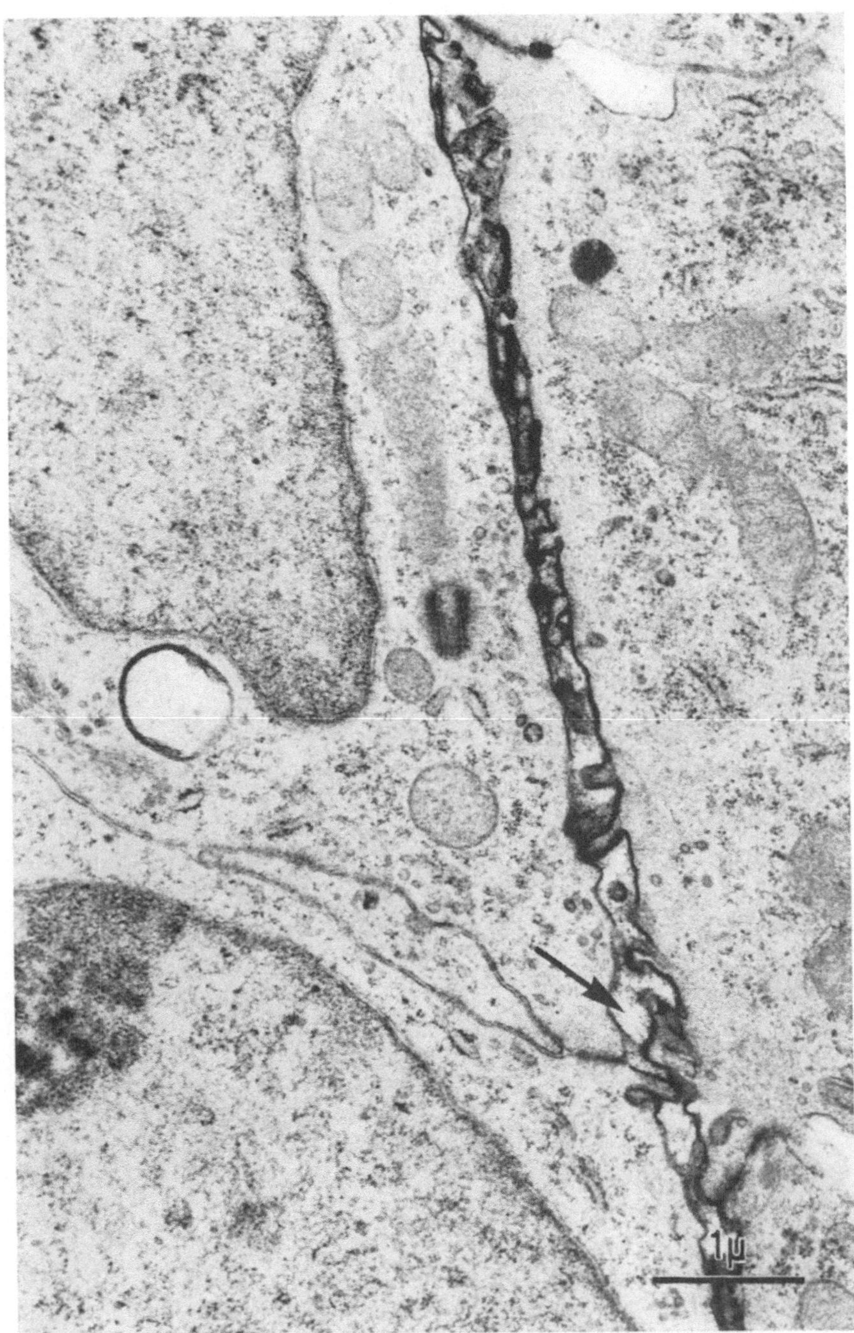

Abb. 10. Frühes Stadium eines interzellulären Spaltraumes (Pfeil) mit kurzen Mikrovilli, die von einem stark osmiophilen Plasmalemm begrenzt werden. Zeiss EM 9

Vereinzelt beobachtete Epithelzellen mit stark entwickeltem rauhen endoplasmatischen Reticulum sind möglicherweise Vorläufer von Becherzellen (vgl. HOLLMANN, 1963; FREEMAN, 1966).

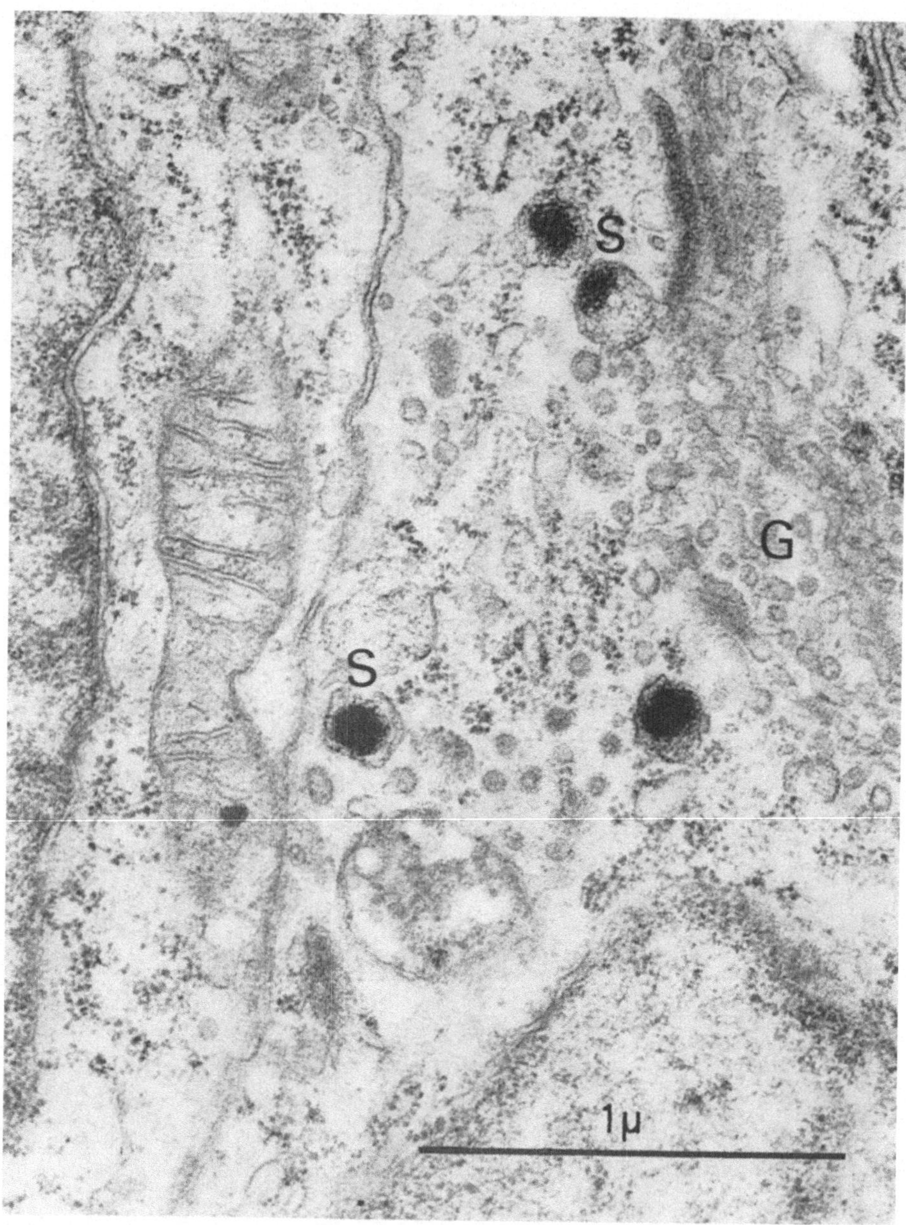

Abb. 11. Enterochromaffine Zelle aus dem Jejunum eines 18 Tage alten Rattenfetus. Die Zellen enthalten in diesem Entwicklungsstadium nur wenige Sekretgranula (*S*), die vor allem in der Nähe des Golgi-Apparates (*G*) liegen. Vgl. Abb. 16. Zeiss EM 9

In der Submucosa sind *Kollagenfasern* jetzt relativ reichlich vorhanden, und in Fibroblasten kommt gehäuft Glykogen vor. In einigen Axonen des Plexus myentericus lassen sich Katecholamingranula nachweisen.

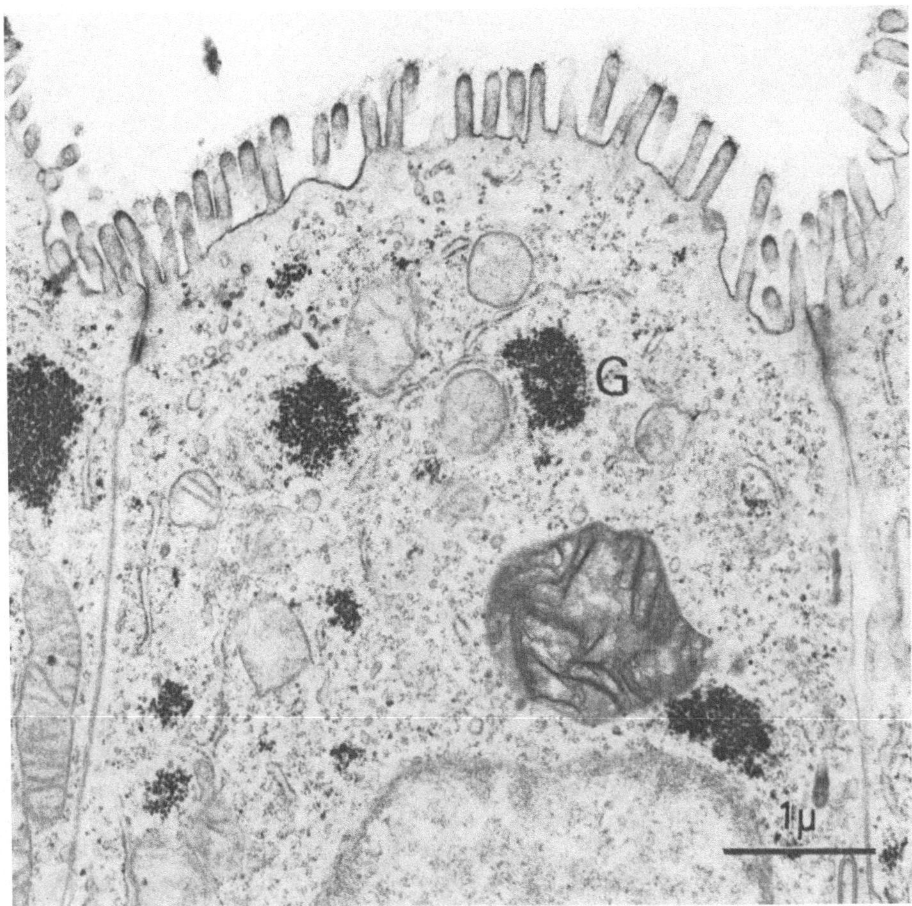

Abb. 12. Enterocyten vom 19. Embryonaltag mit relativ dicht stehenden Mikrovilli und Glykogenanhäufungen (*G*) im apikalen Zytoplasma. Zeiss EM 9

Bei *18¹/₂ Tage alten Feten* sind die Enterocyten stärker miteinander verzahnt als bisher. In ihrem supranucleären Cytoplasma enthalten sie relativ große *Glykogen*areale.

Neben Enterocyten und enterochromaffinen Zellen lassen sich in diesem Entwicklungsstadium erstmalig *Becherzellen* mit Sicherheit identifizieren. Sie zeichnen sich durch stark entwickelte, supra- bzw. paranucleär gelegene Golgi-Apparate, reichlich erweitertes rauhes endoplasmatisches Reticulum sowie Sekretgranula unterschiedlicher Größe bis zu 6000 Å Durchmesser aus. Die vorwiegend im apikalen Cytoplasma gelegenen Sekretgranula sind unterschiedlich elektronendicht und osmiophil. Die weniger elektronendichten sind aus feinsten Körnchen zusammengesetzt. Eine Begrenzungsmembran läßt sich bei den meisten Granula nicht nachweisen. Bei einigen ist das peripher gelegene Material stellenweise verdichtet, so daß der Eindruck einer Membran entsteht. Der Golgi-Apparat besteht zu dieser Zeit aus flachen Lamellen ohne Erweiterungen und morphologisch nachweisbares Sekret (vgl. Abb. 13).

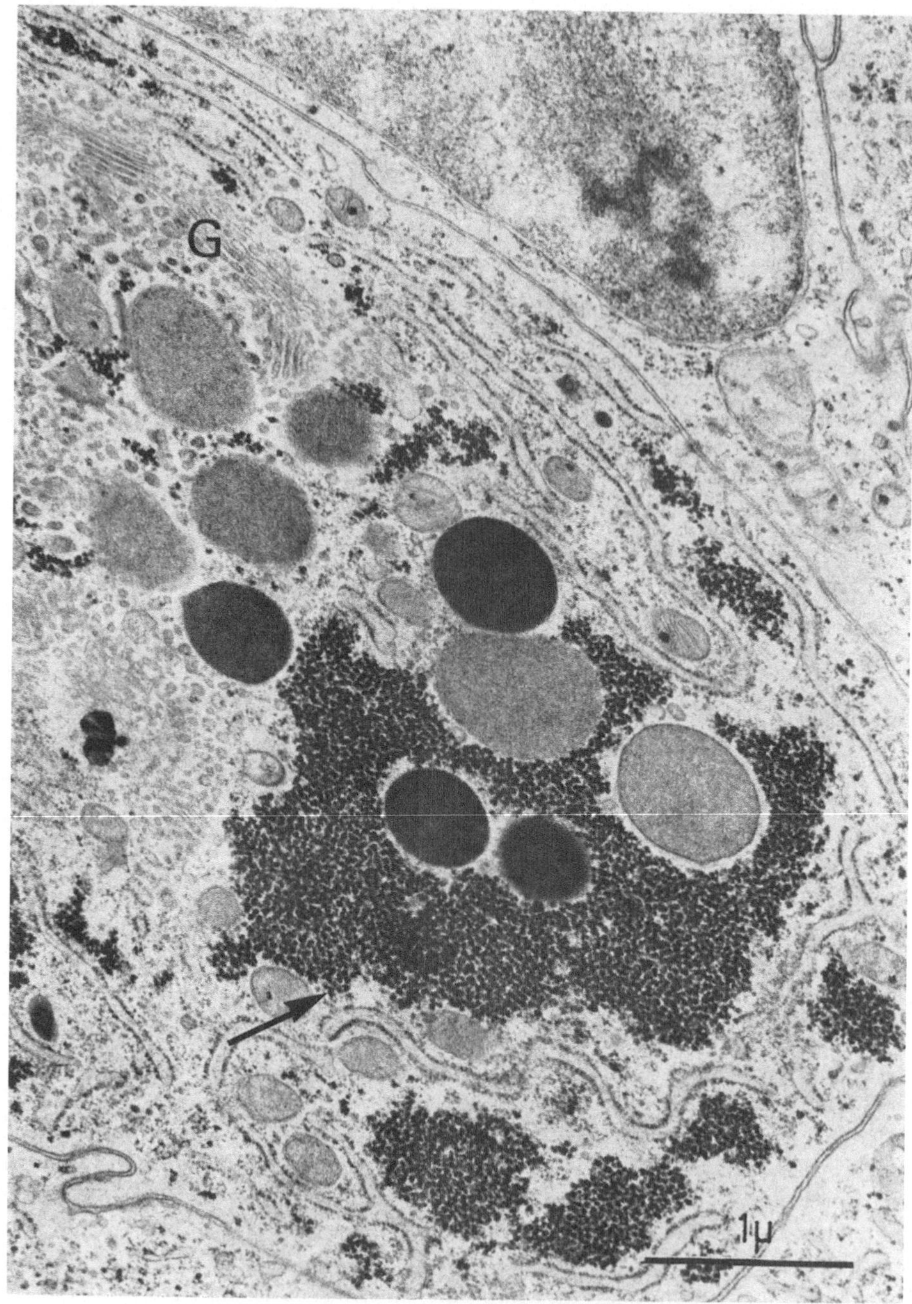

Abb. 13. Becherzelle mit Glykogenansammlung (Pfeil) und ovalen Schleimgranula unterschiedlicher Elektronendichte in der Nähe des aus flachen Lamellen bestehenden Golgi-Apparates (G).
Jejunum vom 19. Embryonaltag. Zeiss EM 9

Am *19. Embryonaltag* sind die Mikrovilli der Enterocyten zahlreicher und
geringgradig länger und breiter als am Vortag (Abb. 12). Sie messen etwa 0,5 μ in

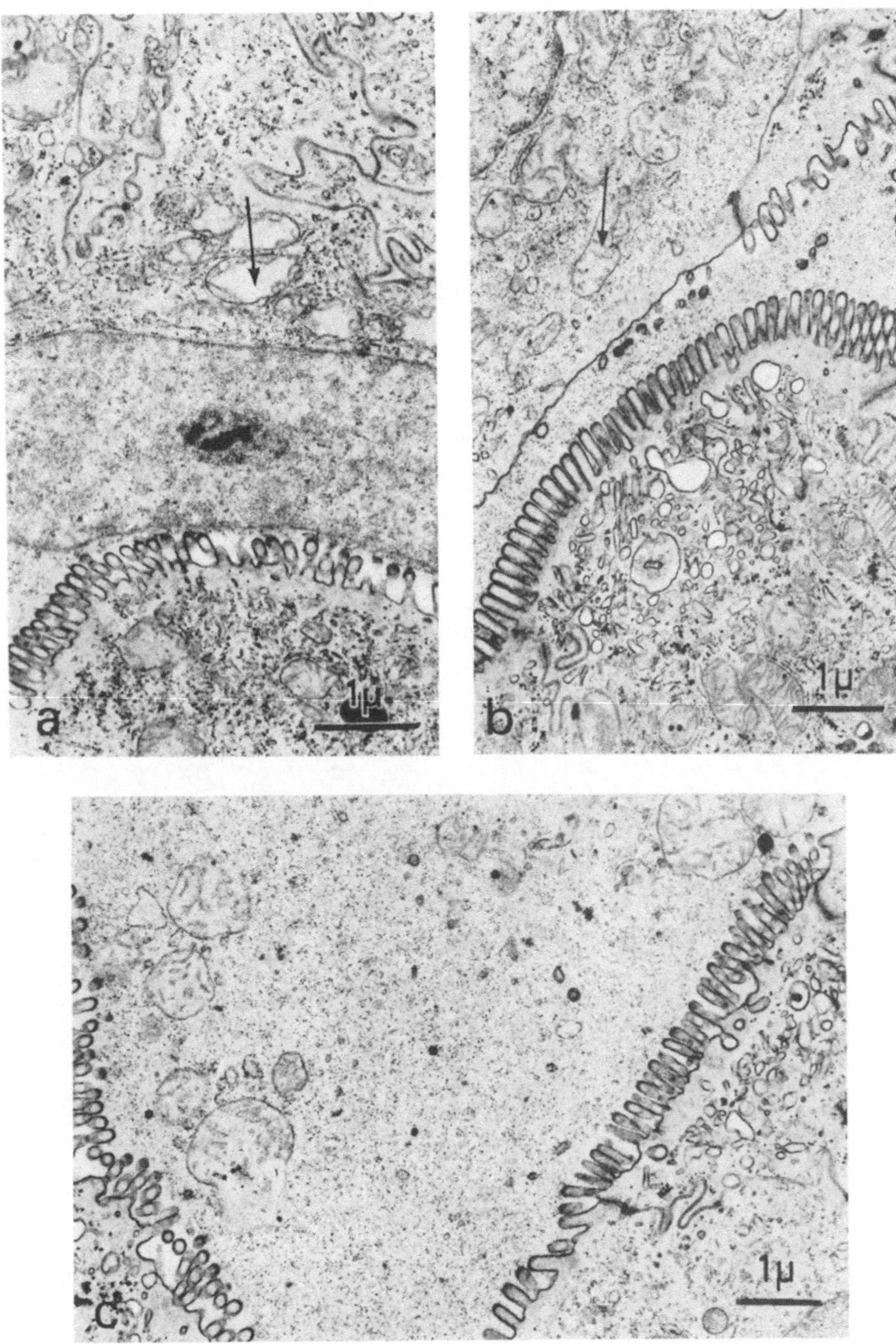

Abb. 14 a—c. Verschiedene Stadien zugrunde gehender Darmepithelzellen aus dem Bereich der Zottenbasis mit stark veränderten Mitochondrien (Pfeil) und homogen erscheinendem Cytoplasma (Abb. 14 c). Die benachbarten intakten Enterozyten enthalten im terminalen Netzwerk zahlreiche pinocytotische Bläschen. Jejunum vom 20. Embryonaltag. Zeiss EM 9

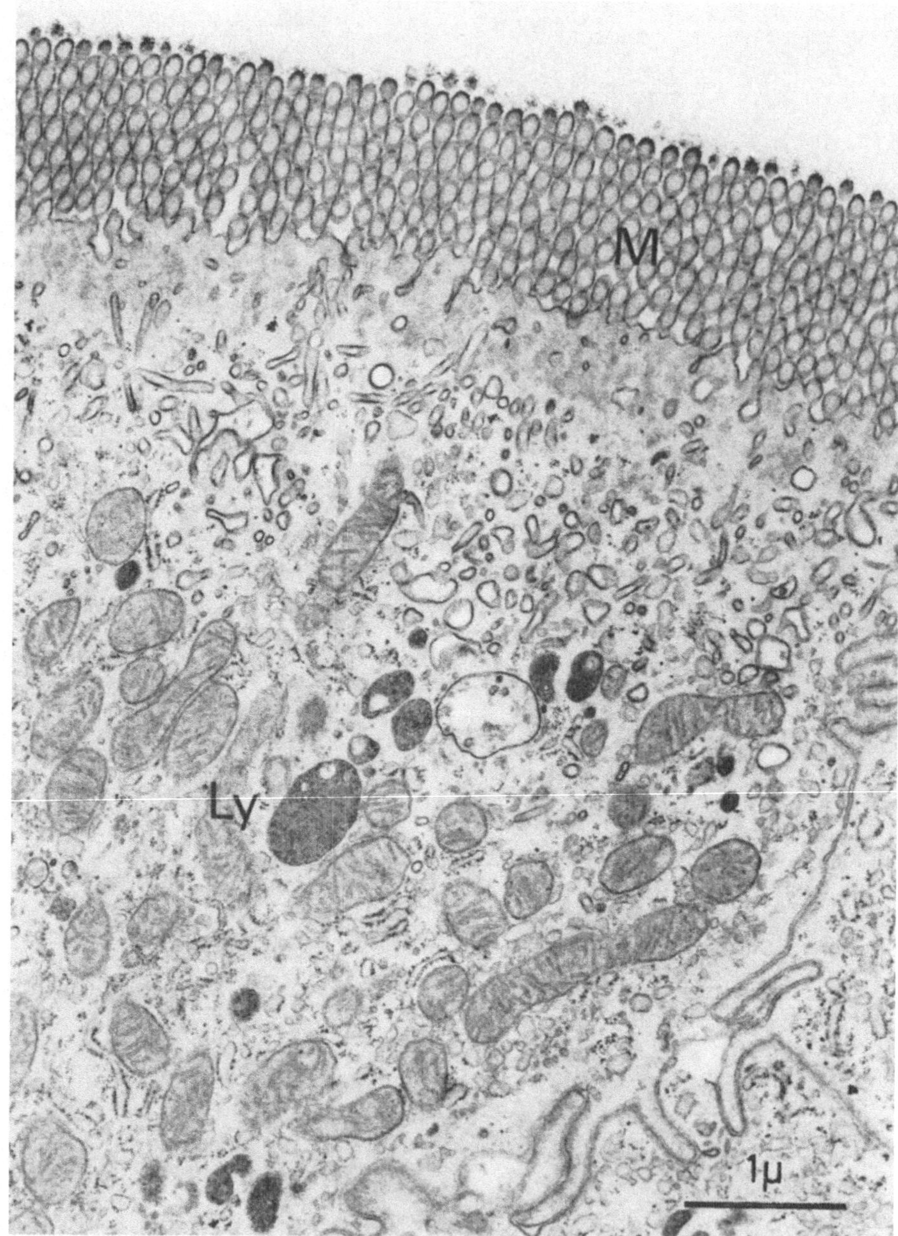

Abb. 15. Enterocyt eines 21 Tage alten Fetus mit zahlreichen quergetroffenen Mikrovilli (*M*)
und vielen pinocytotischen Bläschen und Schläuchen im apikalen Zytoplasma. Zeiss EM 9

der Länge und 0,1 µ in der Breite. Gelegentlich kommen Zwillingsmikrovilli vor.
Neu ist das Auftreten von *glattem endoplasmatischen Reticulum*. Im supranucleären
Cytoplasma der Enterocyten haben die Glykogenansammlungen zugenommen
(Abb. 12). In Mitose befindliche Enterocyten behalten ihre Mikrovilli.

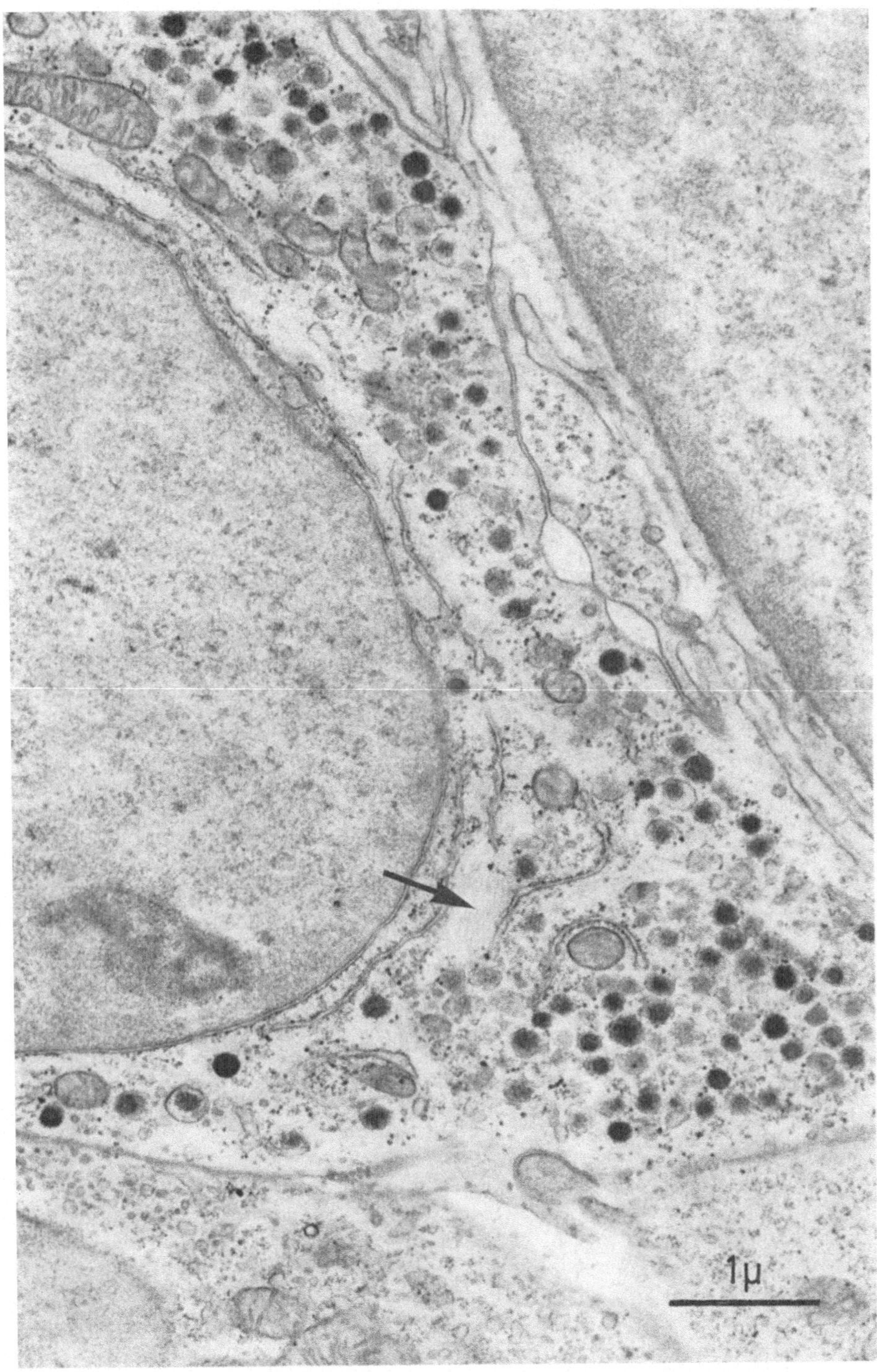

Abb. 16. Enterochromaffine Zelle mit zahlreichen kontrastreichen Sekretgranula und feinen Filamenten (Pfeil). Aus dem Jejunum eines 21 Tage alten Rattenfetus. Zeiss EM 9

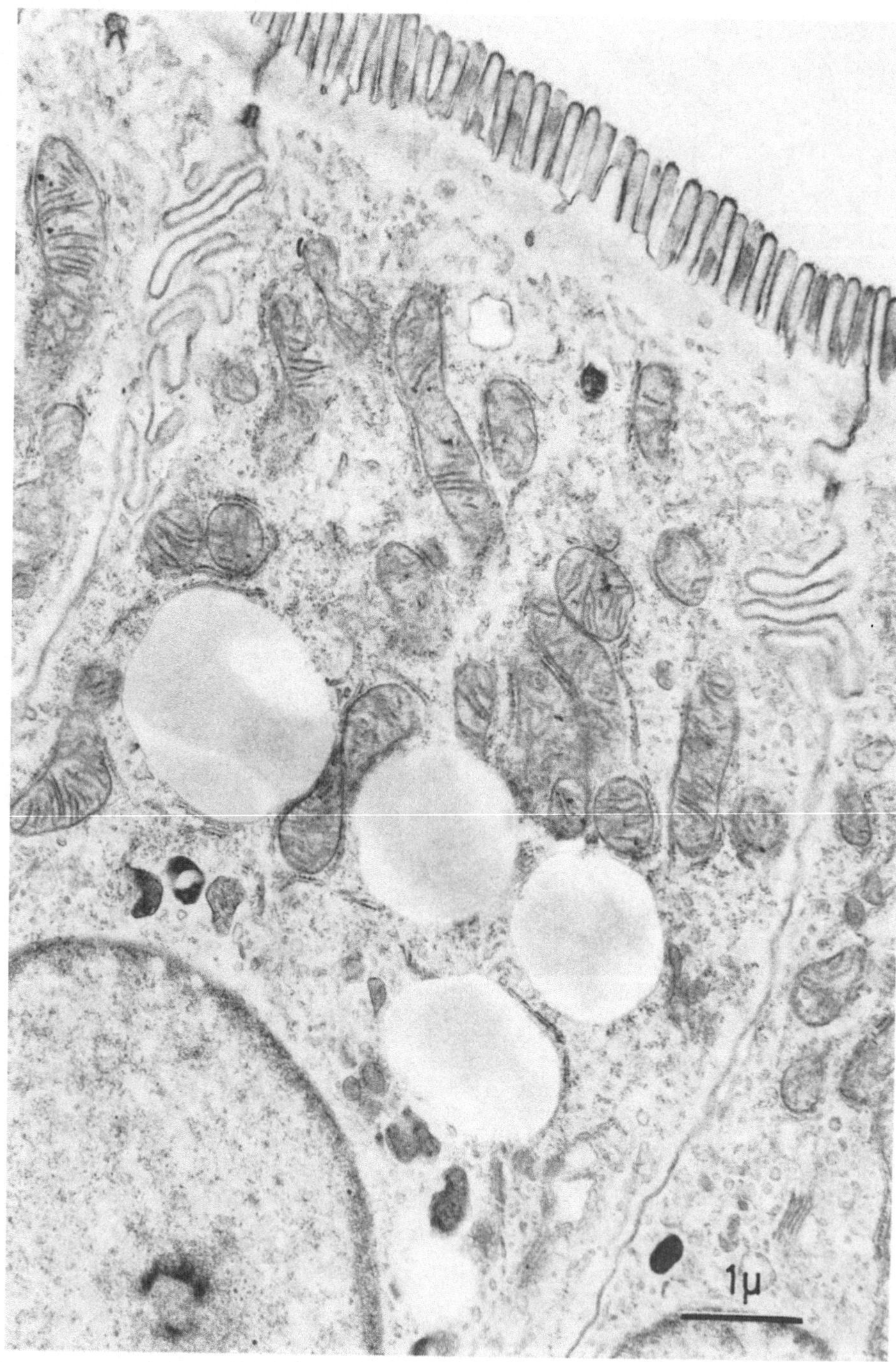

Abb. 17. Fettgefüllte Vakuolen im supranucleären Cytoplasma eines Enterocyten aus dem Jejunum einer 7 Tage alten Ratte. Zeiss EM 9

In den enterochromaffinen Zellen haben sich die Sekretgranula stark vermehrt und bevorzugen das basale Cytoplasma. Verglichen mit den Enterocyten haben sie

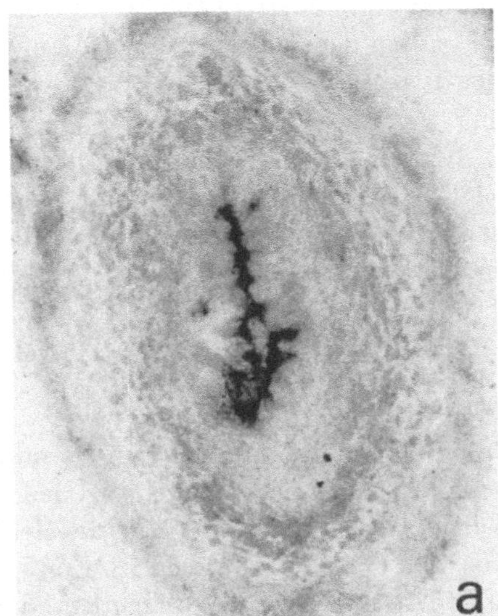

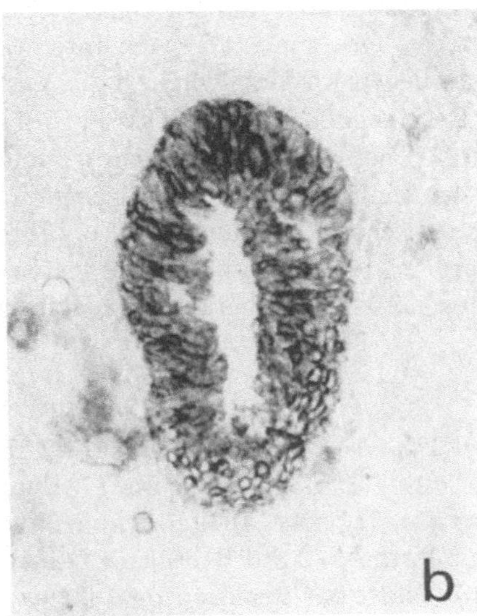

Abb. 18a u. b. Jejunum eines 17 Tage alten Rattenfetus. a Nachweis der alkalischen Phosphatase (Bebrütungszeit 60 min); das Reaktionsprodukt beschränkt sich im Epithel auf einen schmalen apikalen Saum. Vergr. 50fach. b Nachweis der unspezifischen Esterase (Inkubationszeit 20 min), der im gesamten Darmepithel relativ gleichmäßig ausfällt. Vergr. 64fach

weniger Ribosomen, so daß sie etwas heller als die benachbarten Zellen erscheinen. Deutlich vermehrt haben sich auch die Sekretgranula der Becherzellen. Charakteristisch ist für sie ferner das gehäufte Vorkommen von Glykogen (Abb. 13). — Neben den bereits am Vortag vorhandenen, tief in das Epithel eindringenden, von Mikrovilli umsäumten intercellulären Spalträumen kann man im Bereich der Zottenbasis jetzt zahlreiche *zugrunde gehende Epithelzellen* beobachten.

Am *20. Embryonaltag* haben sich die Mikrovilli der Enterocyten weiter stark vermehrt, so daß sie jetzt einen dichten Rasen bilden. Häufig kann man *Einsenkungen* und *Abschnürungen* des zwischen den Mikrovilli gelegenen apikalen Plasmalemms sowie *bläschenförmige* und *tubuläre Gebilde* im terminalen Netzwerk beobachten. Besonders zahlreich sind sie in Enterocyten, deren Mikrovilli in zugrunde gehende Zellen hineinragen bzw. in deren unmittelbarer Nähe liegen (Abb. 14a—c). Lysosomen, die bisher fast ausschließlich im basalen Cytoplasma vorkamen, lassen sich jetzt auch im apikalen Cytoplasma nachweisen.

In den Becherzellen ist es zu einer weiteren Zunahme der apikal gelegenen Schleimgranula gekommen.

Am *21. Embryonaltag* besitzen die Mikrovilli der Enterocyten eine Länge von etwa 1 μ und eine Breite von ca. 0,1 μ. Im apikalen Cytoplasma haben Lysosomen sowie pinocytotische Vesikel und Tubuli gegenüber dem Vortag stark an Zahl zugenommen (vgl. Abb. 15). Glykogen ist nur noch in Spuren vorhanden. Gehäuft kommen Meconiumkörperchen vor. In diesem Entwicklungsstadium wurde einmalig die *Mitose einer Becherzelle* beobachtet. In enterochromaffinen Zellen liegen die Sekretgranula dicht gedrängt (Abb. 16).

In der *Postnatalzeit* nimmt die Länge der Mikrovilli weiter zu. Am 3. Lebenstag sind sie etwa 1,5 μ lang und 0,15μ breit und besitzen damit die für erwachsene Tiere typische Größe. Neu ist das Auftreten 1—2 μ großer, fettgefüllter Vacuolen

im supranucleären und basalen Cytoplasma der Enterocyten (Abb. 17). Gehäuft
tritt Fett ferner in erweiterten Intercellularspalten der basalen Zellhälfte auf. In
der 4. Lebenswoche bilden sich die Vacuolen zurück.

Bei einem 22 Tage alten Tier wurden im Grund der Lieberkühnschen Krypten
einige Panethsche Körnerzellen gefunden. Sie ähneln den Becherzellen insofern,
als sie ebenfalls einen gut entwickelten Golgi-Apparat und reichlich rauhes endoplasmatisches Reticulum besitzen. Ihre etwa 1—2 μ großen Sekretgranula sind
jedoch im Gegensatz zu denen der Becherzellen elektronendurchlässig und enthalten nur wenig feingranuläres Material.

3. Fermenthistochemische Befunde

Alkalische Phosphatase haben wir im Jejunum der Ratte in Übereinstimmung
mit COHEN (1957) erstmalig am 17. Embryonaltag nachweisen können (vgl. jedoch
VERNE u. HÉBERT, 1949; HÉBERT, 1950). Am 16. Embryonaltag fällt die Reaktion selbst nach 2 Std Bebrütung negativ aus. Am 17. (Abb. 18a) und 18. Embryonaltag bildet das Reaktionsprodukt nach 1 Std Inkubation einen schmalen Saum
im apikalen Bereich der an das Darmlumen angrenzenden Epithelzellen. Am 18.
Embryonaltag reagieren zusätzlich die fingerförmigen Epitheleinsenkungen und
der Rand der intraepithelialen Vakuolen positiv. Alle übrigen Anteile der Darmwand bleiben ungefärbt. — Am 19., 20. und 21. Embryonaltag nimmt das Enzym
jeweils stark an Aktivität zu, so daß die Reaktion bereits nach 5 bzw. 3 min
Bebrütung positiv ausfällt. Wie bei erwachsenen Tieren reagieren in dieser Phase
nur die Enterocyten des oberen und mittleren Zottendrittels positiv. — Postnatal
sinkt die Enzymaktivität am 1. und 2. Lebenstag ab. Vom 3. Tag an erfolgt wieder
ein Aktivitätsanstieg, der bis zum 11. Tag anhält. Es folgt eine Phase gleichblei-
bender Aktivität, der sich gegen Ende der 3. Lebenswoche eine erneute Aktivitätssteigerung anschließt, so daß die Enzymaktivität jetzt der des erwachsenen Tieres
gleicht.

Saure Phosphatase, die nach MULNARD (1955) bereits am 11. Embryonaltag im
Darmepithel vorhanden sein soll, besitzt am 16. Embryonaltag eine schwache Aktivität und nimmt in den beiden folgenden Tagen nur geringgradig zu. Nach 60 min
Bebrütung kommt das Reaktionsprodukt gehäuft im basalen Cytoplasma der basal
gelegenen Epithelzellen sowie in geringerer Menge im apikalen Cytoplasma der an
das Darmlumen angrenzenden Zellen vor. Basal ist das Reaktionsprodukt fein-,
apikal grobkörnig. — Am 19. Embryonaltag, kurz nach der Zottenbildung, färben
sich die Enterocyten infolge einer vor allem im supranucleären Cytoplasma auftretenden Zunahme der Fermentaktivität relativ gleichmäßig an. Insgesamt reagieren die Enterocyten der apikalen Zottenhälfte stärker als die der basalen Region.
Am 20. und 21. Embryonaltag kommt es zu einer erneuten Aktivitätssteigerung
sowie zu einer weitgehenden Verlagerung des Reaktionsproduktes vom basalen ins
apikale Cytoplasma der Enterocyten. — Postnatal bleibt die Fermentaktivität bis
zum 18. Lebenstag gegenüber der Vorgeburtszeit unverändert. Nach einem weiteren Aktivitätsanstieg am Ende der 3. Lebenswoche gleicht das Enzymmuster des
Jungtieres dem des Erwachsenen.

Unspezifische Esterase. Im Gegensatz zu VERNE et al. (1952), die unspezifische
Esterase im Darmepithel der Ratte erstmalig einige Stunden nach der Geburt

nachweisen konnten, finden wir das Enzym — in geringer Aktivität (90 min Bebrütung) — bereits am 16. Embryonaltag. Danach steigt die Fermentaktivität zunächst geringgradig und zwischen dem 19. und 21. Embryonaltag in allen Zottenabschnitten stark an. Vom 20. Embryonaltag an reagieren die bis dahin relativ gleichmäßig angefärbten Enterocyten (vgl. Abb. 18b) in ihrem apikalen Cytoplasma bedeutend stärker als in den übrigen Zellabschnitten. — Postnatal bleibt die Fermentaktivität bis zum Ende der 2. Lebenswoche unverändert. Danach fällt sie in den Enterocyten der apikalen Zottenhälfte geringgradig ab.

Leucinaminopeptidase ist erstmals am 20. Embryonaltag faßbar und nimmt bis zur Geburt stark zu. Im Gegensatz zum erwachsenen Tier reagieren die Enterocyten des apikalen und mittleren Zottendrittels etwa gleich stark. — Nach der Geburt fällt die Fermentaktivität ab und bleibt bis zum Anfang der 3. Lebenswoche niedrig. Unmittelbar postnatal kommt es ferner zu dem für erwachsene Tiere typischen Verteilungsmuster. Nach einem erneuten starken Aktivitätsanstieg am Ende der 3. Lebenswoche gleicht das Enzymmuster auch hinsichtlich der Enzymaktivität dem des erwachsenen Tieres.

Der *Maltase*-Nachweis, der nur am postnatalen Dünndarm durchgeführt wurde, fällt in der frühen Postnatalperiode negativ aus. Erstmalig nachweisbar ist das Enzym zwischen dem 18. und 23. Lebenstag. Der genaue Zeitpunkt seines Auftretens läßt sich — möglicherweise wegen großer individueller Schwankungen — nicht erfassen. Im Laufe der 4. Lebenswoche nimmt das Enzym zu und erreicht die für erwachsene Tiere typische Aktivität.

Beim Nachweis der *Glucose-6-phosphatdehydrogenase* färben sich am 16. Embryonaltag das apikale Cytoplasma der an das Darmlumen angrenzenden Epithelzellen sowie in der Nähe des Mesenterialansatzes liegende Ganglienzellen der Lamina muscularis verhältnismäßig stark an. Am 17. Embryonaltag hat die Fermentaktivität gegenüber dem Vortag geringgradig zugenommen, und die Lamina muscularis hebt sich durch eine etwas stärkere Anfärbung von der Bindegewebsschicht des Darmes ab. Im Darmepithel nimmt die Fermentaktivität vom 18.—21. Embryonaltag von Tag zu Tag deutlich zu, wobei alle Abschnitte des Zottenepithels etwa gleich stark reagieren. Am 18. Embryonaltag sind die Ganglienzellen in der Lamina muscularis relativ gleichmäßig verteilt. Einen Tag später stellen sich auch die Nervenfasern des Plexus myentericus als strangförmige Gebilde dar. Ganglienzellen des Plexus submucosus sind erstmalig am 21. Embryonaltag erfaßbar.

Postnatal nimmt die Fermentaktivität im Darmepithel bis zur Mitte der 2. Lebenswoche geringgradig, aber stetig zu und bleibt bis gegen Ende der 3. Lebenswoche unverändert. Gleichzeitig kommt es zu dem für erwachsene Tiere typischen Verteilungsmuster, indem das Epithel der apikalen Zottenhälfte deutlich stärker reagiert als das der Zottenbasis und der Krypten. Nach einem starken Anstieg der Fermentaktivität gegen Ende der 3. und Anfang der 4. Lebenswoche gleicht das Enzymmuster dem des erwachsenen Tieres.

Der Nachweis der α-*Glycerophosphatdehydrogenase* fällt am 16. und 17. Embryonaltag nach 2 Std Inkubation nur äußerst schwach positiv aus; deutlich verstärkt ist der Reaktionsausfall am 19., 20. und 21. Embryonaltag, wobei das apikale Cytoplasma der Enterocyten die größte Fermentaktivität besitzt (vgl. Abb. 19). Vom 19. Embryonaltag an reagiert auch die Lamina muscularis positiv, allerdings liegt ihre Fermentaktivität weit unter der des relativ gleichmäßig angefärbten

Zottenepithels. Die geringste Aktivität besitzt das Enzym im Mesenchym. Postnatal nimmt die Fermentaktivität stark ab und bleibt bis gegen Mitte der 2. Lebenswoche niedrig. Danach steigt sie stetig an und erreicht gegen Ende der 3. Lebenswoche die für erwachsene Tiere typische Höhe.

Glutamatdehydrogenase (Abb. 19) verhält sich ähnlich wie α-Glycerophosphatdehydrogenase. Unterschiede bestehen insofern, als die für erwachsene Tiere typische Aktivität erst am Anfang der 4. Lebenswoche erreicht wird.

Beim Nachweis der *β-Hydroxibuttersäuredehydrogenase* färbt sich das Darmepithel am 16. Embryonaltag apikal und basal am stärksten an. Diese Lokalisation behält das Ferment auch nach der Zottenbildung bei. Eine geringgradige

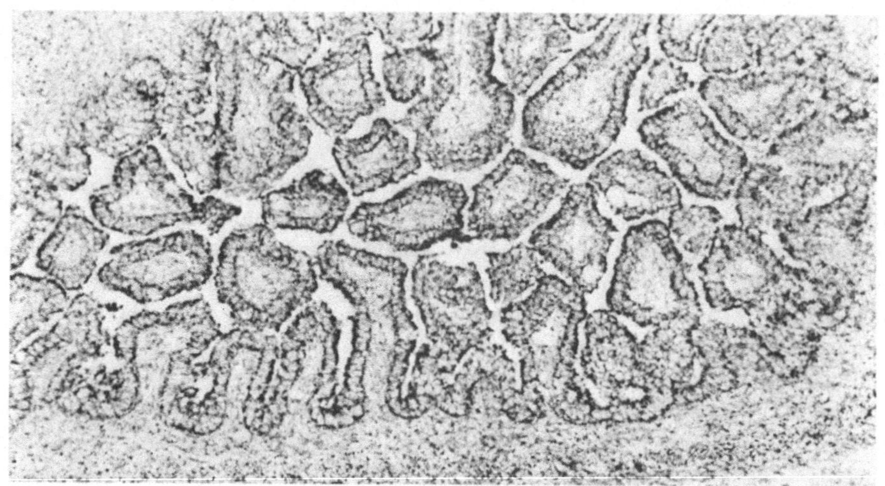

Abb. 19. Nachweis der Glutamatdehydrogenase im Jejunum eines 20 Tage alten Rattenfetus. Der Reaktionsausfall ist in allen Zottenabschnitten relativ gleichmäßig. Am stärksten reagiert das apikale Cytoplasma der Enterocyten. Eine ähnliche Verteilung besitzt α-Glycerophosphatdehydrogenase. Bebrütungszeit 120 min. Vergr. 40fach

Aktivitätssteigerung ist am 17. und 18., eine starke am 19., 20. und 21. Embryonaltag festzustellen (Abb. 20a—c). $1^1/_2$ Std nach der Geburt besitzt das Ferment die bisher höchste Aktivität. Es folgt eine Periode niedriger Fermentaktivität (1. bis 4. Lebenstag) (Abb. 20d), der ein erneuter stetiger Anstieg folgt. In der Mitte der 3. Lebenswoche erreicht das Ferment die für erwachsene Tiere typische Aktivität.

Succinatdehydrogenase besitzt am 16. Embryonaltag eine relativ geringe Aktivität und nimmt bis zum 21. Embryonaltag schrittweise zu. Auf diesem Niveau bleibt die Enzymaktivität bis etwa zur Mitte der 3. Lebenswoche. Nach einem anschließenden erneuten Anstieg der Fermentaktivität gegen Ende der 3. Lebenswoche besitzt das Enzym die Aktivität erwachsener Tiere.

Beim Nachweis der *Lactatdehydrogenase* färben sich vom 16.—18. Embryonaltag die unmittelbar an das Darmlumen angrenzenden Epithelzellen und das basale Cytoplasma der basal gelegenen Epithelzellen relativ stark an (Abb. 21). Vom 19.—21. Embryonaltag nimmt die Aktivität stark zu, wobei vom 20. Embryonaltag an das Epithel der apikalen Zottenhälfte stärker als das der basalen reagiert. Postnatal sinkt die Enzymaktivität ab und bleibt bis Ende der 3. Lebenswoche

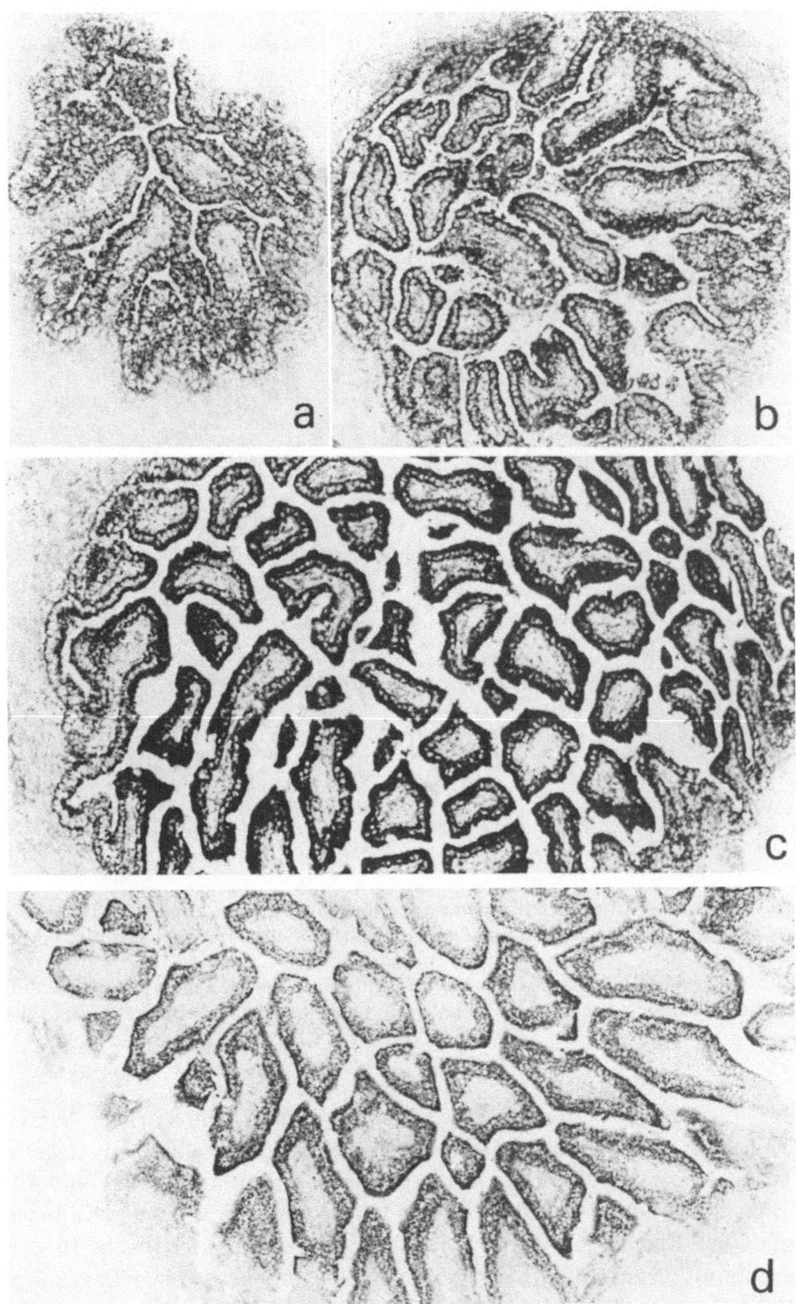

Abb. 20a—d. Nachweis der β-Hydroxibuttersäuredehydrogenase am 19. (a), 20. (b) und 21. (c) Embryonal- sowie 2. Lebenstag (d). Beachte die starke Aktivitätszunahme pränatal und das Absinken postnatal. Bebrütungszeit 60 min. Vergr. 40fach

niedrig. Nach einem starken Anstieg der Fermentaktivität am Anfang der 4. Lebenswoche gleicht das Enzymmuster dem der erwachsenen Tiere.

NADH-Diaphorase ist am 16. Embryonaltag vor allem apikal und basal im Epithel (Abb. 22) sowie in geringerem Maße in der Lamina muscularis nachweisbar. Die Fermentaktivität nimmt in der Folgezeit bis zum 21. Embryonaltag geringgradig, aber stetig zu, wobei vom 20. Embryonaltag ab die apikalen Zottenanteile stärker positiv reagieren als die basalen. In der Postnatalzeit steigt die Fermentaktivität bis gegen Ende der 3. Lebenswoche langsam, am Anfang der 4. stark an und erreicht die für erwachsene Tiere typische Höhe.

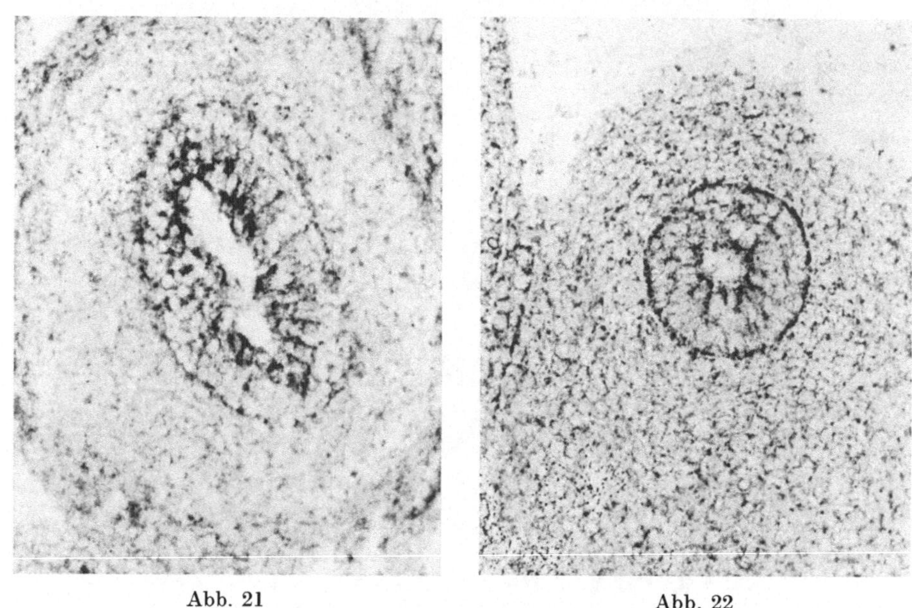

<table>
<tr><td>Abb. 21</td><td>Abb. 22</td></tr>
</table>

Abb. 21. Nachweis der Lactatdehydrogenase im Jejunum eines 18 Tage alten Rattenfetus. Die stärkste Aktivität findet sich apikal und basal im Epithel. Bebrütungszeit 120 min. Vergr. 64fach

Abb. 22. Nachweis der NADH-Diaphorase im Jejunum eines 16 Tage alten Rattenfetus. Das Reaktionsprodukt kommt gehäuft im apikalen und basalen Epithelbereich vor. Bebrütungszeit 60 min. Vergr. 64fach

NADPH-Diaphorase besitzt am 16. Embryonaltag die stärkste Aktivität im Cytoplasma der an das Darmlumen angrenzenden Epithelzellen. Im Gegensatz zu NADH-Diaphorase, deren Aktivität nur geringgradig zunimmt, steigt die Aktivität dieses Enzyms bis zum 21. Embryonaltag relativ stark an. Vom 19. Embryonaltag an reagiert das Epithel der Zottenspitzen stärker als das der -basis. In der Postnatalzeit nimmt das Ferment bis gegen Ende der 3. Lebenswoche langsam und anschließend stark zu. Am Anfang der 4. Lebenswoche gleicht die Aktivität der des erwachsenen Tieres.

Geschlechtspezifische Unterschiede des Enzymmusters (nicht untersucht für Maltase) ließen sich weder zwischen dem 13. und 154. Lebenstag bei normalen Tieren (11 Pärchen desselben Wurfes), noch 2 und 6 Wochen nach beidseitiger Ovariektomie (2 Tiere) mit Sicherheit nachweisen.

4. Fettnachweis

Stichprobenartig durchgeführte Fettnachweise mit Sudanschwarz B bei 16 bis 21 Tage alten Feten ergeben, daß das Fettvorkommen im Dünndarm unbedeutend ist. Gelegentlich finden sich feinste Fetttropfen im basalen Cytoplasma der Darmepithelzellen sowie im peripheren Zottenstroma.

III. Experimentelle Untersuchungen

Das Ziel der experimentellen Untersuchungen war es, 1. Einblick in das Resorptionsvermögen des fetalen Darmes zu bekommen, 2. zu klären, welchen Einfluß die Nahrungsaufnahme auf das Enzymmuster des fetalen Darmes hat, und 3. zu prüfen, inwieweit Nebennierenrindenhormone in die Differenzierung des postnatalen Enzymmusters eingreifen. Zur Beantwortung dieser Fragen wurden 19—21 Tage alten Feten Fett, Ferritin, Kohlenhydrate und Eiweiß verabreicht und der Darm elektronenmikroskopisch und enzymhistochemisch untersucht. Bei postnatalen Ratten wurde das Enzymmuster des Darmes nach Hydrocortisongaben bzw. nach Ausschaltung der Nebennierenrinden-Funktion durch Metopiron studiert.

1. Resorptionsfähigkeit des fetalen Darmes

a) Fettverabreichung

3—5 Std nach Injektion von Sonnenblumenöl in das Fruchtwasser enthalten Mundhöhle, Magen, Duodenum und Jejunum von 20 und 21 Tage alten Feten reichlich, bereits makroskopisch sichtbares Fett. Bei 19 Tage alten Feten läßt sich Fett im Jejunum makroskopisch nicht mit Sicherheit nachweisen. Dies ist möglicherweise darauf zurückzuführen, daß die aufgenommene Fettmenge zu gering ist oder daß der Transport des Fettes durch den Verdauungskanal auf Schwierigkeiten stößt.

Der an Kryostatschnitten mit Sudanschwarz B durchgeführte Fettnachweis zeigt, daß die fetalen Darmzellen das zugeführte Fett resorbieren und daß die Feten der verschiedenen Altersstufen Fett in unterschiedlicher Menge aufnehmen. Am stärksten ist die Fettresorption beim 21 Tage alten Fetus, deutlich geringer am 20. Embryonaltag. Am 19. Embryonaltag gelang es nur bei einem von 10 Feten Fett in größerer Menge in den Saumzellen nachzuweisen.

Das resorbierte Fett ist am 20. und 21. Embryonaltag in Saumzellen, Intercellularspalten des Epithels und in relativ großen Mengen im Bindegewebe lokalisiert. Die größte Fettanhäufung findet sich in Lymphgefäßen. Am stärksten ist die Fettaufnahme in der apikalen Zottenhälfte. Zur Zottenbasis hin wird sie deutlich geringer. Beim 19 Tage alten Fetus beschränkt sich Fett in erster Linie auf das Epithel.

Als Nebenbefund sei mitgeteilt, daß Fett auch von der Haut und dem Mundhöhlenepithel der Feten aufgenommen wird (vgl. SCHMIDT, 1967).

Die elektronenmikroskopische Untersuchung zeigt, daß bei der Fettaufnahme in die fetale Saumzelle pinocytotische Vorgänge eine wichtige Rolle spielen. Im Bereich der Mikrovillibasis kommen zahlreiche mit Fett gefüllte bläschen- und schlauchförmige Invaginationen des apikalen Plasmalemms vor (Abb. 23). Isoliert

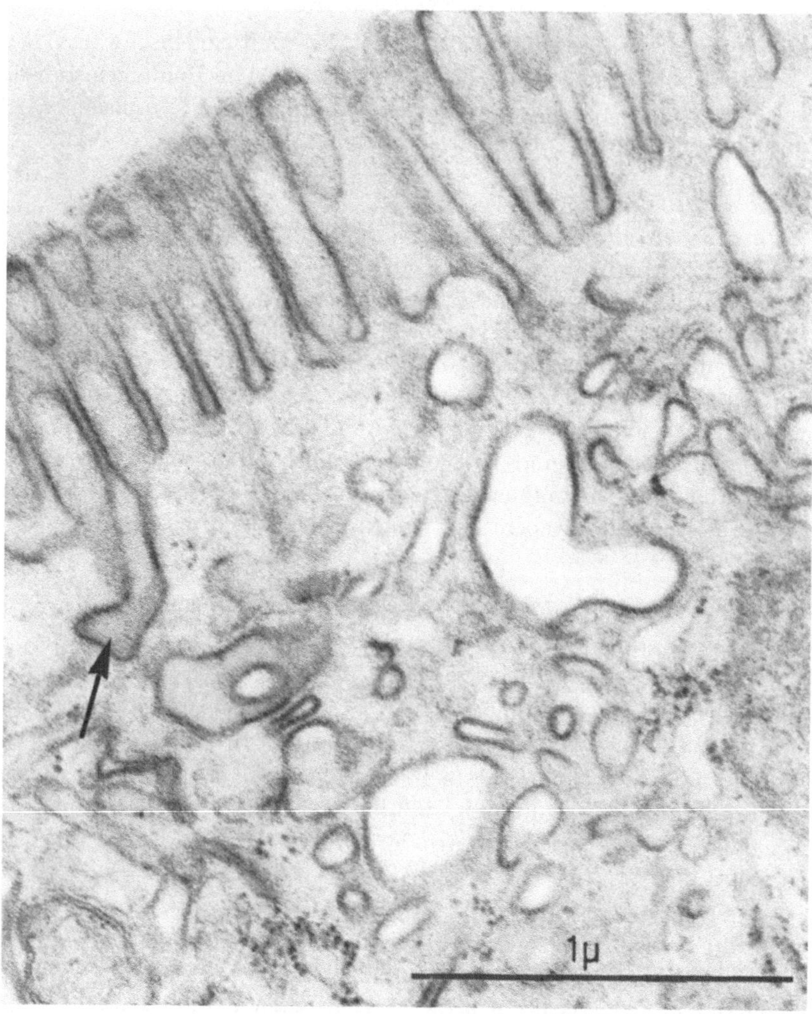

Abb. 23. Enterocyt eines 21 Tage alten Rattenfetus, dem 5 Std vor Tötung Sonnenblumenöl ins Fruchtwasser injiziert worden war. Die Zellen nehmen Fett in relativ großen Mengen durch Pinocytose auf (Pfeil). Zeiss EM 9

liegen derartige Gebilde im terminalen Netzwerk. In großer Zahl lassen sich 1800 Å große Fetttropfen ferner im glatten endoplasmatischen Reticulum nachweisen (Abb. 24), das stark an Ausdehnung gewonnen hat, sowie in Erweiterungen des Golgi-Apparates (Abb. 25). Im rauhen endoplasmatischen Reticulum kommen Fetttropfen nur vereinzelt vor. Gelegentlich kann man beobachten, daß Fetttropfen aus den Enterocyten in den Intercellularraum ausgeschleust werden. Neben kleinen Fetttropfen von 1800 Å Durchmesser kommen im supranucleären und basalen Cytoplasma von 21 Tage alten Feten bis zu 3 µ große, mit Fett gefüllte Vakuolen vor, die denen der frühen Postnatalzeit ähneln. Am 20. Embryonaltag sind die Vakuolen deutlich kleiner. Vereinzelt findet man kleine Fetttropfen,

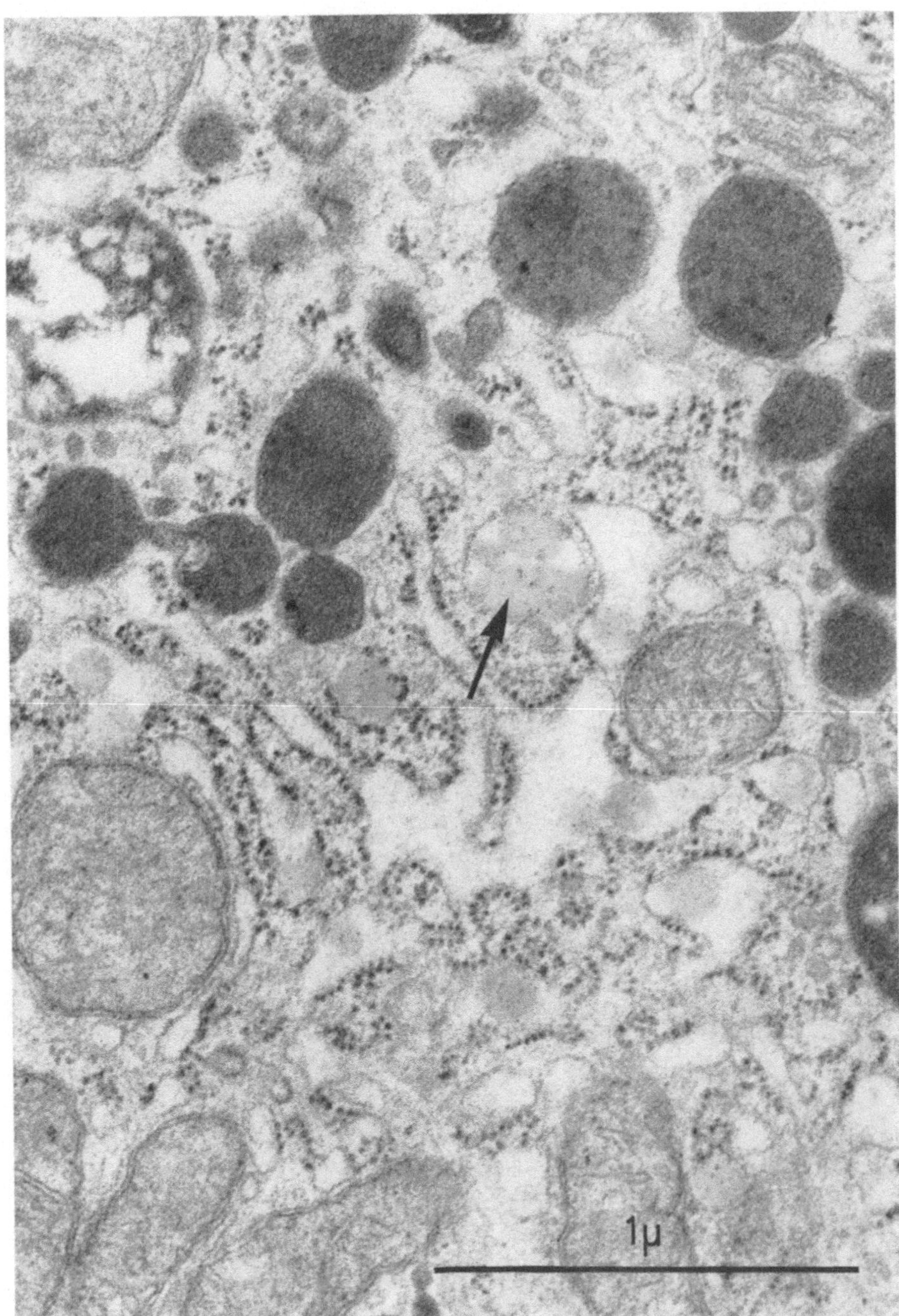

Abb. 24. Fetttropfen (Pfeil) im glatten und rauhen endoplasmatischen Reticulum eines Enterocyten vom 21. Embryonaltag. Sonst wie Abb. 23. Zeiss EM 9

die sich den Vakuolen anlagern und mit ihnen verschmelzen. Bei einem Präparat des 21. Embryonaltages wurde Fett auch im Kern eines Enterocyten gefunden.

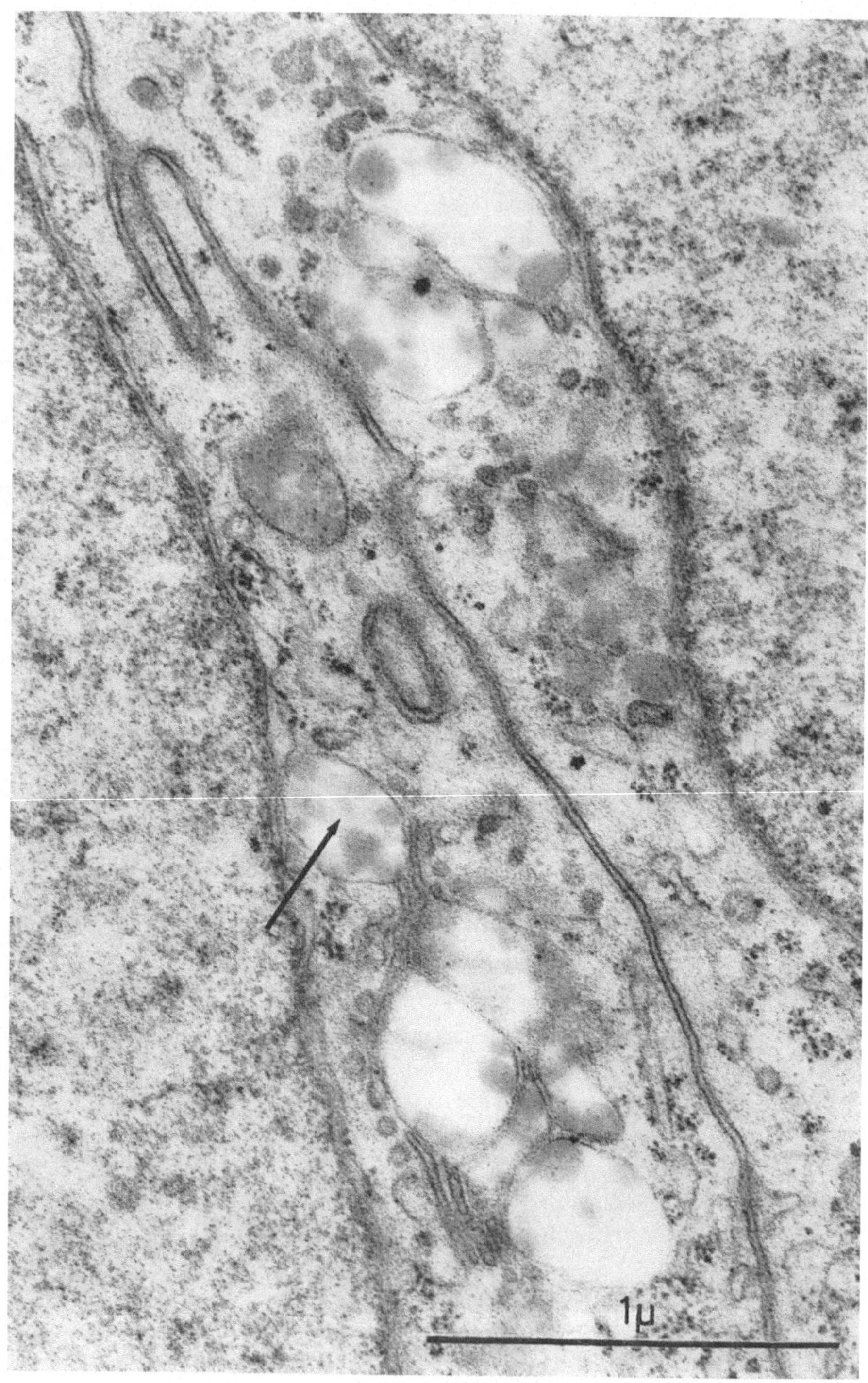

Abb. 25. Fettansammlungen (Pfeil) in stark verweiterten Vakuolen des Golgi-Apparates nach experimenteller Fettzufuhr bei 21 Tage altem Rattenfetus. Vgl. Abb. 23 u. 24. Zeiss EM 9

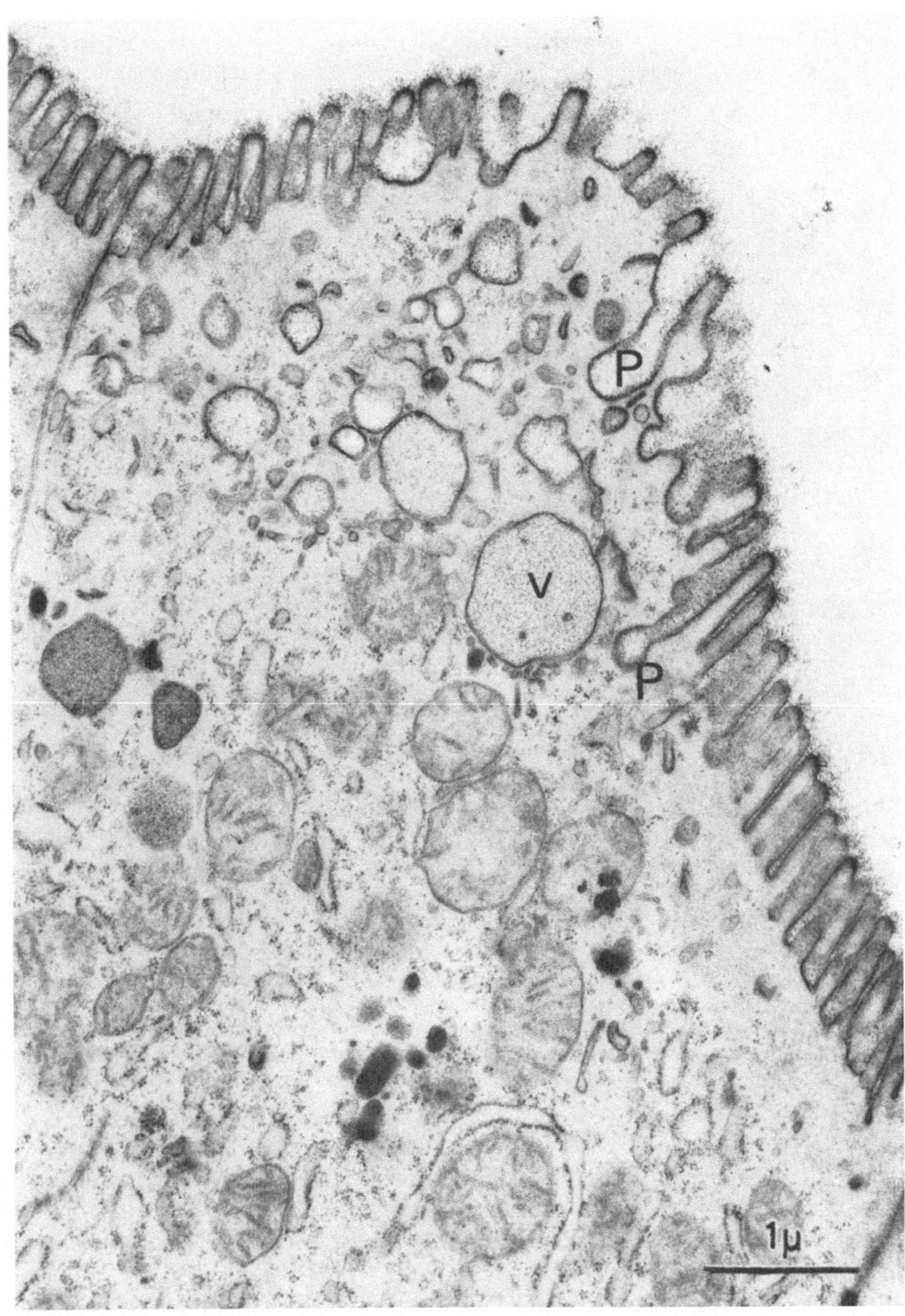

Abb. 26. Enterocyt eines 21 Tage alten Rattenfetus, dem 45 min vor Tötung Ferritin ins Darmlumen injiziert worden war. Die Substanz wird durch Pinocytose aufgenommen (P) und in Vakuolen (V) gespeichert. Zeiss EM 9

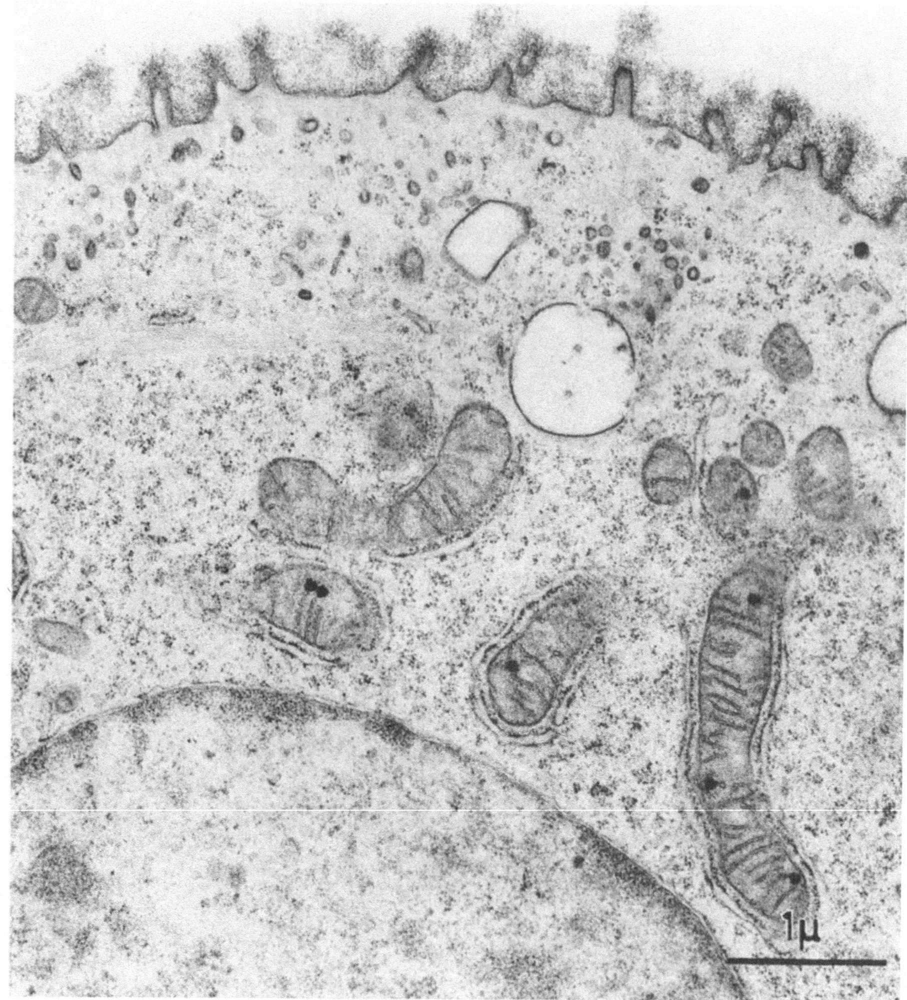

Abb. 27. Enterocyt vom 19. Embryonaltag mit reichlich Ferritin im Bereich der Mikrovilli. 20 min nach der Injektion finden sich keine Hinweise dafür, daß die Substanz in die Zelle aufgenommen wird. Zeiss EM 9

b) Ferritinverabreichung

Bei allen untersuchten Feten ist Ferritin in relativ großen Mengen im Darmlumen nachweisbar. Gehäuft kommt die Substanz an den Mikrovilli vor. Die Körnchen liegen dicht gedrängt im freien Raum zwischen den Mikrovilli sowie in einer dünnen Schicht über den Mikrovillispitzen. Im Mikrovillibereich von Becherzellen wird Ferritin nur in geringen Mengen „fixiert", während die benachbarten Saumzellen mit einem dichten Ferritinsaum überzogen sind. Möglicherweise spielen hier Unterschiede im Mucopolysaccharidbesatz der Zellmembran eine Rolle, dem als Haftsubstanz Bedeutung für die Adsorption zukommt (vgl. Holter, 1965).

An der Basis des Bürstensaumes der Enterocyten kommen zahlreiche mit Ferritin angefüllte Invaginationen des apikalen Plasmalemms vor (Abb. 26). Rela-

tiv große, Ferritin enthaltende Vacuolen im supranucleären Cytoplasma dieser
Zellen weisen darauf hin, daß Ferritin durch Pinocytose aufgenommen wird. Auch
bei der Untersuchung mit stärkeren Vergrößerungen wurden keine Hinweise dafür
gefunden, daß Ferritinpartikel von den Mikrovilli direkt aufgenommen werden und
frei im Cytoplasma liegen.

Prinzipiell die gleichen Befunde sind am 20. Embryonaltag zu erheben. Im
Gegensatz zu älteren Feten sind die pinocytotischen Invaginationen kleiner und
seltener, so daß die Ferritinaufnahme insgesamt geringer als am 21. Embryonaltag
sein dürfte.

Am 19. Embryonaltag gelingt es trotz reichlichen Ferritinvorkommens im
Bereich des Bürstensaumes nicht, die Substanz zweifelsfrei intracellulär nachzu-
weisen. Gelegentlich beobachtete Pinocytosevakuolen sind frei von Ferritin
(Abb. 27). Möglicherweise sind sie bereits vor der Ferritinapplikation entstanden.

2. Experimentelle Beeinflussung des fetalen Enzymmusters

a) Fett-Verabreichung

3—6 Std nach der peroralen Aufnahme von Sonnenblumenöl reagieren in den
Enterocyten von 20 und 21 Tage alten Feten mit großer Regelmäßigkeit alkalische
Phosphatase, unspezifische Esterase, Glucose-6-phosphat-, β-Hydroxibuttersäure-
(Abb. 28), Succinatdehydrogenase sowie NADH-Diaphorase mit einer deutlichen
Steigerung ihrer Aktivität. Etwas weniger regelmäßig fällt der Nachweis der sauren
Phosphatase stärker positiv aus. Eine Abnahme der Fermentaktivität tritt bei
Leucinaminopeptidase, α-Glycerophosphat- und Glutamatdehydrogenase auf.
Unbeeinflußt bleibt NADPH-Diaphorase. Uneinheitlich reagiert Lactatdehydro-
genase. — Feten, bei denen sich kein Fett im Jejunum nachweisen ließ, zeigen
diese Veränderungen nicht.

b) Glucose-Verabreichung

Nach Injektion von 1 ml 10%iger, teils mit Lichtgrün angefärbter Glucose-
Lösung läßt sich in den Enterocyten nur bei der alkalischen Phosphatase mit
Sicherheit eine Aktivitätssteigerung nachweisen. Die übrigen untersuchten Enzyme
bleiben unbeeinflußt (unspezifische Esterase, NADH- und NADPH-Diaphorase)
bzw. reagieren uneinheitlich (saure Phosphatase, Leucinaminopeptidase, α-Glycero-
phosphat-, β-Hydroxibuttersäure-, Glutamat-, Succinat- und Lactatdehydrogenase).

c) Eiweiß-Verabreichung

Bei der Verabreichung von Hühnereiweiß, die bei 3 Feten durchgeführt wurde,
zeigen alkalische und saure Phosphatase, unspezifische Esterase, α-Glycero-
phosphat-, β-Hydroxibuttersäure-, Glutamat- und Succinatdehydrogenase keine
Veränderungen. Leucinaminopeptidase, Glucose-6-phosphat- und Lactatdehydrogenase sowie NADH- und NADPH-Diaphorase reagieren uneinheitlich.

3. Experimentelle Beeinflussung des postnatalen Enzymmusters

a) Hydrocortison

In den Enterocyten von 4—24 Tage alten männlichen Ratten, die 3 Tage lang
mit Hydrocortisonacetat behandelt worden waren, reagieren alkalische Phosphat-

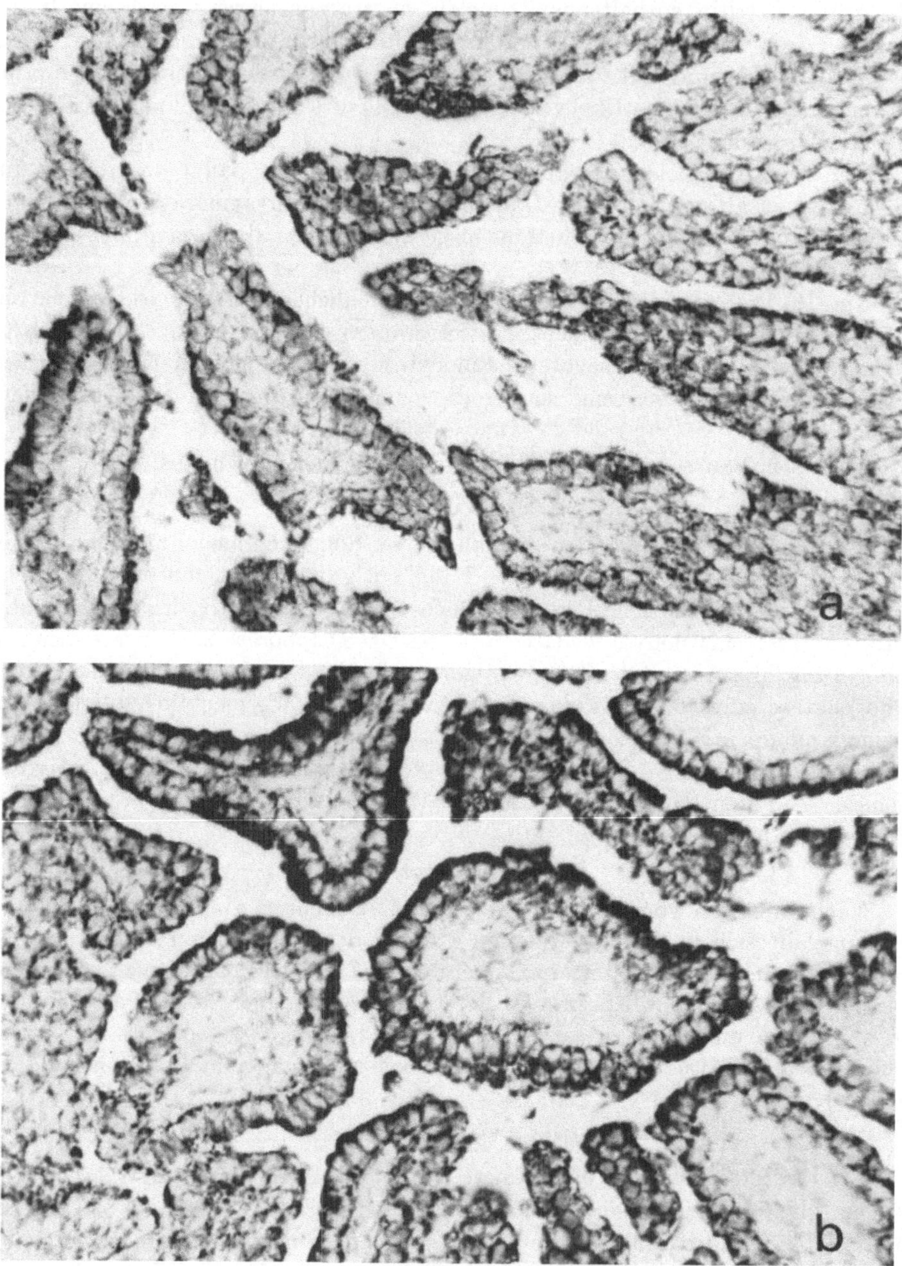

Abb. 28a u. b. Zunahme der β-Hydroxibuttersäureaktivität im Zottenepithel eines 20 Tage alten Fetus nach Fettfütterung. a Kontrolle, b Versuchstier. Bebrütungszeit 60 min. Vergr. 100fach

ase, saure Phosphatase und Leucinaminopeptidase vom 9.—18. Lebenstag mit großer Regelmäßigkeit mit einer Aktivitätssteigerung. Vom 4.—8. und 19.—24. Lebenstag sind die Ergebnisse uneinheitlich. Bei Glucose-6-Phosphatdehydro-

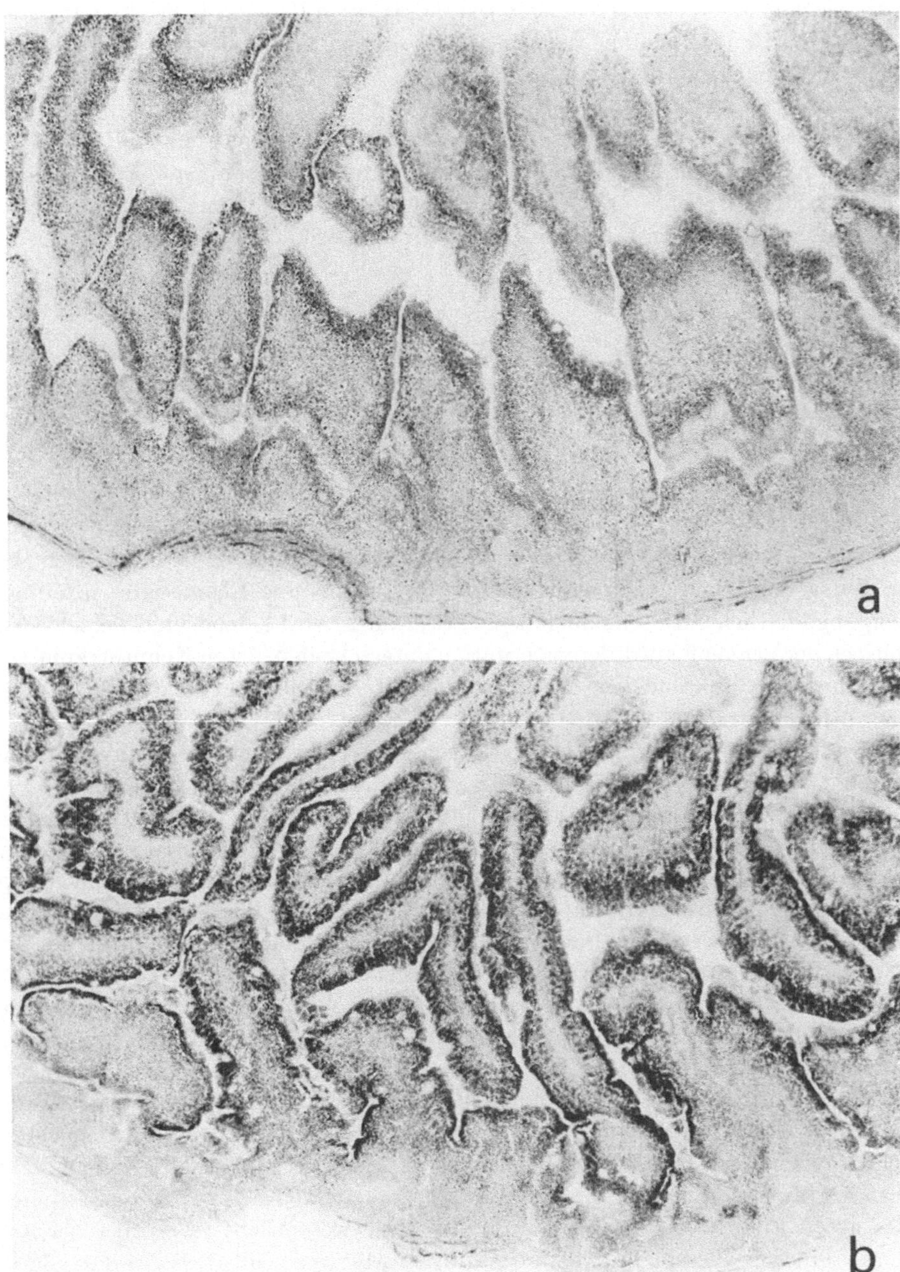

Abb. 29a u. b. Aktivitätssteigerung der Glucose-6-phosphatdehydrogenase nach 3tägiger Hydrocortisonbehandlung bei 13 Tage alter Ratte. a Kontrolltier, b Versuchstier. Bebrütungszeit 15 min. Vergr. 40fach

genase tritt eine Aktivitätszunahme regelmäßig vom 4.—18. Lebenstag auf (vgl. Abb. 29). Eine etwas weniger konstante Äktivitätssteigerung findet sich bei Succinatdehydrogenase vom 5.—17., Lactatdehydrogenase vom 5.—19., NADH-Dia-

phorase vom 6.—19. sowie NADPH-Diaphorase vom 12.—20. Lebenstag. Während
der ganzen Periode uneinheitlich reagieren unspezifische Esterase sowie α-Glyero-
phosphat- und Glutamatdehydrogenase.

Ein hiervon deutlich abweichendes Verhalten weist die β-Hydroxibuttersäure-
dehydrogenase auf. Sie reagiert vom 12.—24. Lebenstag regelmäßig mit einer Aktivitätsabnahme, vom 4.—11. Lebenstag teils mit einer Zunahme, teils ohne Unter-
schied zu Kontrollen. — Die mit Hydrocortison behandelten Jungtiere bleiben
gewichtsmäßig weit hinter den Kontrolltieren desselben Wurfes zurück.

b) Metopiron

3- bzw. 8tägige Behandlung mit Metopiron führt bei 10—24 Tage alten männ-
lichen Ratten zu keinen einheitlichen Enzymveränderungen in den Enterocyten.
Gleichartig verhalten sich erwachsene männliche Ratten (2 Tiere) nach 1wöchiger
Metopironbehandlung.

Diskussion

Die vorliegenden Untersuchungsergebnisse zeigen, daß die während der Entwicklung der Darmschleimhaut ablaufenden Histo- und Chemodifferenzierungs-
vorgänge zeitlich unterschiedlich liegen. Hierdurch wird es möglich, 4 verschiedene
Phasen der Schleimhautdifferenzierung zu unterscheiden, deren Kenntnis zum Verständnis der funktionellen Leistungsfähigkeit des sich entwickelnden Darmes
wesentlich beiträgt.

Die 1. Phase, die vom 16.—19. Embryonaltag reicht, zeichnet sich in erster Linie
durch Epithelzellproliferation sowie durch schnell ablaufende Histo- und Cyto-
differenzierungsvorgänge aus. Für die 2. Entwicklungsphase (vom 19. Embryonaltag bis zur Geburt) ist eine starke Steigerung, für die 3. Phase (von der Geburt
bis zum Ende der 2. Lebenswoche) eine Abnahme bzw. nur eine geringgradige
Zunahme der Fermentaktivität charakteristisch. In der 4. Phase — im wesentlichen
in der 3. Lebenswoche — findet schließlich die endgültige morphologische und
enzymatische Ausdifferenzierung des Organs statt.

In einer funktionsbezogenen entwicklungsgeschichtlichen Untersuchung des
Darmes ist die *1. Phase der Schleimhautdifferenzierung* insofern von besonderem
Interesse, als sich in dieser Zeit die morphologischen Voraussetzungen für die
Funktionsaufnahme des Organs entwickeln und der Zeitpunkt des Auftretens der
verschiedenen Strukturen wichtige Hinweise auf dessen etwaige Funktionsbereitschaft geben kann. Das Jejunum der Ratte verdient in funktioneller Hinsicht erstmals am 17. Embryonaltag erhöht Aufmerksamkeit, weil sich zu diesem Zeitpunkt
die ersten Enterocyten nachweisen lassen. Eine wesentliche resorptive Leistung
dürfte ihnen in diesem Entwicklungsstadium aber noch nicht zukommen, da sie
relativ undifferenziert sind und ihnen wichtige, im Dienst der Resorption stehende
Strukturen und Enzyme fehlen. Für verstärkt ablaufende Resorptionsvorgänge,
die dem Gesamtorganismus zugute kommen sollen, sind auch der Epithelaufbau und
die Lage der Enterocyten ungünstig. Infolge der Mehrreihig- bzw. Mehrschichtig-
keit des Epithels hätten die aus dem Darmlumen stammenden Substanzen einen
verhältnismäßig weiten Weg bis zu dem im Bindegewebe gelegenen Gefäßsystem
zurückzulegen. Für den Abtransport resorbierter Stoffe günstigere Bedingungen

liegen im Bereich der intraepithelialen, mit Zelldetritus angefüllten Vakuolen vor, so daß es denkbar ist, daß das hier gelegene körpereigene Material mit zum Aufbau des Organismus verwendet wird.

Für Resorptionsvorgänge befriedigende morphologische Verhältnisse entwickeln sich erst in den folgenden Tagen, wenn sich mit der Entstehung der Zotten die resorbierende Oberfläche des Darmes vergrößert, das Epithel einschichtig wird und das Gefäßsystem in enge Beziehungen zum resorbierenden Epithel tritt.

Bei der Zottenbildung fällt auf, daß sie nicht wie bei Mensch, Huhn und Meerschweinchen (BARGMANN, 1967; CLARA, 1966; PATZELT, 1936) mit dem Einsprossen von Mesenchym in das Epithel beginnt, sondern ein zunächst rein epithelialer Prozeß ist (KAMMERAAD, 1942). Die epitheliale Natur dieses Vorganges wird außer an den Knospen und fingerförmigen Epitheleinsenkungen vor allem an den elektronenmikroskopisch nachweisbaren intraepithelialen, mit Mikrovilli angefüllten Spalträumen deutlich, die tief in das Epithel eindringen und zu einer weitgehenden Parzellierung des Epithels führen. Hierdurch kommt es in Analogie zur Placenta zur Bildung bindegewebsfreier Primärzotten, in die sekundär gefäßführendes Mesenchym eindringt. Ob es sich bei der hier beschriebenen Art der Zottenbildung um einen artspezifischen Prozeß handelt, ist ungeklärt. Die besondere Bedeutung dieses Befundes liegt darin, daß er zeigt, daß bei der Zottenbildung auch epitheliale Vorgänge eine wichtige Rolle spielen können. Gleichzeitig stellt er die gegenwärtigen Anschauungen über die Zottenbildung beim Menschen in Frage. Da in früheren Untersuchungen dem Epithel die führende Rolle bei der Zottenbildung zugesprochen wurde (JOHNSON, 1910; PATZELT, 1936), wäre ein erneutes Studium dieses Problems auf vergleichend-anatomischer und elektronenmikroskopischer Basis reizvoll.

Mit der Entwicklung der Zotten Hand in Hand geht die Differenzierung der Enterocyten. Ihren sichtbarsten Ausdruck findet sie in einer starken Vermehrung der Mikrovilli. Hierbei spielen offenbar nicht nur Vorwölbungen, sondern auch Invaginationen des apikalen Plasmalemms eine Rolle. Man beobachtet nämlich, daß neben kurzen, fingerartigen Cytoplasmaausstülpungen schlauchförmige Gebilde in die Tiefe eindringen und zur Mikrovillibildung beitragen. Besonders deutlich wird dies bei den Mikrovilli im Bereich der intraepithelialen Spalträume. Welche Funktion den durch Anlagerung feinster elektronendichter Partikel (möglicherweise Mucopolysaccharide) verdickten Stellen des Plasmalemms im Rahmen der Mikrovillibildung zukommt, ist noch ungeklärt. Denkbar wäre es, daß das hier abgelagerte Material mit zum Aufbau des später an der Zottenspitze vorkommenden Mucopolysaccharidfilzes verwendet wird. Sicherlich stammt das Material nicht, wie z. B. BERGENER (1962) annimmt, aus Becherzellen, da es bereits vor Bildung dieser Zellen vorhanden ist.

Als weiteres Zeichen fortschreitender Differenzierung findet sich bei den Enterocyten in diesem Entwicklungsstadium eine Zunahme der Mitochondrien und des rauhen endoplasmatischen Reticulums sowie das Auftreten glatten endoplasmatischen Reticulums, so daß die Enterocyten am Ende dieser Phase bereits einen relativ hohen Differenzierungsgrad erreicht haben.

Trotzdem finden sich einige Besonderheiten, die auf eine gewisse Unreife dieser Zellen hinweisen. Neben dem Vorkommen einer ca. 2000 Å breiten, vorwiegend aus fibrillärem Material bestehenden Zone in unmittelbarer Nähe des basalen Plasma-

lemms, die man in Analogie zu Befunden an Schwannschen Zellen nach Nerven-
faserdurchschneidung (Blümcke u. Niedorf, 1965) mit der Basalmembranbildung
in Zusammenhang bringen kann, verdienen vor allem die primären Lysosomen
Beachtung. Sie kommen zunächst nur im basalen Cytoplasma vor, vermehren sich
hier und besitzen offenbar keine Beziehungen zum supranucleär gelegenen Golgi-
Apparat. Da die Lysosomenbildung im Dünndarm der erwachsenen Ratte im Golgi-
Apparat erfolgt (Moe, Rostgaard u. Behnke, 1965), deutet dieser Befund darauf
hin, daß im fetalen und erwachsenen Darm Unterschiede hinsichtlich der Bildung
dieser Zellorganellen bestehen. Worauf dies zurückzuführen ist, ist unklar. Denkbar wäre es, daß der Golgi-Apparat im fetalen Enterocyten zunächst nicht voll
funktionstüchtig ist bzw. daß ihm andere Aufgaben zufallen als beim erwachsenen
Tier. Welchen Strukturen die Bildung der primären Lysosomen im fetalen Darm
anstelle des Golgi-Apparates obliegt, ist bisher nicht eindeutig geklärt. Während
Hayward (1967 a, b) die Ansicht vertritt, die Lysosomen entstünden im endoplasmatischen Reticulum, deuten die eigenen Befunde eher darauf hin, daß Invaginationen des basalen und seitlichen Plasmalemms mit der Lysosomenbildung in Zusammenhang stehen (vgl. Vollrath, 1968).

Im Hinblick auf sekretorische Vorgänge im fetalen Darm ist das Auftreten von
enterochromaffinen Zellen und Becherzellen von Interesse. Panethsche Körnerzellen spielen während der Fetalzeit keine Rolle, da sie erstmals am 15. Tag post
partum nachweisbar sind (Behnke u. Moe, 1964).

5-Hydroxytryptamin (Serotonin) enthaltende (vgl. Ratzenhofer u. Leb, 1965,
Feyrter, 1966) enterochromaffine Zellen wurden in dem hier untersuchten Material erstmalig am 18. Embryonaltag gefunden. Die Zahl ihrer Sekretgranula ist in
diesem Entwicklungsstadium zwar noch gering und ihre Lage atypisch. Einen Tag
später haben sich die Sekretgranula jedoch stark vermehrt und bevorzugen das
basale Cytoplasma („basalgekörnte Zellen"), so daß von diesem Zeitpunkt ab mit
ihrer Funktionsbereitschaft zu rechnen sein dürfte.

Etwa um die gleiche Zeit wie die enterochromaffinen Zellen entwickeln sich
die Becherzellen. Bemerkenswert ist, daß deren Sekret nicht — wie für den Erwachsenen angenommen (Palay, 1958; Bierring, 1962; Freeman, 1966; Berlin,
1967) — in Vakuolen des Golgi-Apparates, sondern durch Zusammenlagerung und
Verschmelzung feinster Körnchen im Grundplasma selbst entsteht. Ob diesem
unterschiedlichen Bildungsmechanismus auch Unterschiede in der Qualität des
Schleimes entsprechen, müßten spezielle histochemische Methoden klären (s. Graumann, 1960). Denkbar wäre dies, da im Golgi-Apparat z. B. die Sulfatierung des
Schleimes erfolgt (Peterson u. Leblond, 1964; Lane, Caro, Otero-Vilardebó
u. Godman, 1964; Berlin, 1967). In bezug auf die Funktionsbereitschaft der
Becherzellen verdient Beachtung, daß sich ihre Sekretgranula am 19. und 20.
Embryonaltag stark vermehren und den apikalen Zellbereich kelchartig erweitern.
Etwa von diesem Zeitpunkt an dürfte genügend Schleim zur Abgabe bereitstehen.

Im Hinblick auf die Darmmotilität ist in dieser Entwicklungsphase von Bedeutung, daß die kontraktilen Elemente der glatten Muskelzellen zwischen dem 16.
und 17. Embryonaltag stark an Zahl zunehmen und daß die Zellen gegen Ende der
1. Schleimhautdifferenzierungsphase — wie die Epithelzellen — einen relativ hohen
Differenzierungsgrad besitzen. Die nervöse Versorgung des Darmes dürfte zu diesem
Zeitpunkt ebenfalls sichergestellt sein, da marklose Nervenfasern bereits in den

jüngsten untersuchten Stadien und katecholamingranulahaltige Axone vom 18. Embryonaltag an nachweisbar sind.

Überblickt man die während der 1. Schleimhautdifferenzierungsphase abgelaufenen Differenzierungsvorgänge insgesamt, so wird deutlich, daß das Jejunum am Ende dieser Phase praktisch alle morphologischen Voraussetzungen für Resorption, Sekretion und Motilität besitzt. Zu einer wesentlichen resorptiven Leistung dürften die Enterocyten in dieser Phase aber noch nicht befähigt sein, da zahlreiche Enzyme nur eine geringe Aktivität besitzen und andere wie z. B. Leucinaminopeptidase, Invertase (DOELL u. KRETSCHMER, 1963) und Maltase fehlen.

Einen großen Schritt vorwärts in der Funktionsentwicklung machen die Enterocyten in der vom 19. Embryonaltag bis zur Geburt reichenden sog. *2. Phase der Schleimhautdifferenzierung*. In dieser Zeit kommt es neben dem Auftreten und Verschwinden relativ großer Glykogenmengen zu wichtigen Veränderungen des Enzymmusters und damit zu einer Erhöhung der biochemischen Leistungsfähigkeit dieser Zellen. Die Reifung des Enzymmusters äußert sich einerseits in einer starken Aktivitätszunahme zahlreicher Enzyme, z. B. der alkalischen und sauren Phosphatase, unspezifischen Esterase, Glucose-6-phosphatdehydrogenase, Lactase (ALVAREZ u. SAS, 1961) u. a.. Andererseits wird die Reifung daran deutlich, daß ein Enzym erstmalig histochemisch nachweisbar wird, z. B. am 20. Embryonaltag Leucinaminopeptidase. Auf das Neuauftreten von Enzymen in dieser Phase deuten möglicherweise auch die biochemischen Befunde von WILSON u. WILSON (1965) hin, die fanden, daß Guanase, Xanthinoxydase und Uricase ab 19. Embryonaltag erfaßbar sind. Eine mit der enzymatischen Reifung verbundene Lokalisationsänderung macht die saure Phosphatase durch, die sich am 20. Embryonaltag vom basalen weitgehend ins apikale Cytoplasma verlagert. — Vergegenwärtigt man sich, daß die Enterocyten bereits am Anfang dieser Entwicklungsphase stark differenziert waren und daß in den letzten Tagen vor der Geburt die enzymatische Reifung und damit ihre biochemische Leistungsfähigkeit große Fortschritte macht, so spricht vieles dafür, daß die Enterocyten etwa zu diesem Zeitpunkt funktionsbereit sind. Eine Stütze findet diese Annahme in der Beobachtung, daß in den Enterocyten ab 20. Embryonaltag vermehrt pinocytotische Vorgänge ablaufen.

Direkten Einblick in die Funktionstüchtigkeit der fetalen Enterocyten können die morphologischen und histochemischen Befunde jedoch nicht geben. Hierzu bedarf es experimenteller Untersuchungen. In der vorliegenden Studie wurde Feten zur Klärung dieser Frage Sonnenblumenöl per os zugeführt und Ferritin direkt in das Darmlumen injiziert. Als wichtigster Befund dieser Versuche ist zunächst festzuhalten, daß der fetale Darm die zugeführten Substanzen resorbiert und daß deutliche quantitative Unterschiede in den verschiedenen Entwicklungsstadien bestehen. Am stärksten ist die Fett- und Ferritinaufnahme am 21. Embryonaltag. Bedeutend geringer am 20. Embryonaltag. Am 19. Embryonaltag schließlich konnte Fett in den Enterocyten nur in einem Fall vermehrt nachgewiesen werden. Auf eine insgesamt geringe Resorptionsfähigkeit der Enterocyten in diesem Entwicklungsstadium weist auch der Befund hin, daß Ferritin, obwohl es im Darmlumen in relativ großen Mengen vorhanden war, nicht von den Zellen aufgenommen wurde. Wenn auch einerseits einschränkend gesagt werden muß, daß die Expositionszeit von 20 min beim 19 Tage alten Embryo möglicherweise nicht lang genug gewesen ist, so unterstreicht dieser Befund andererseits die geringe funktionelle

Leistungsfähigkeit der Enterocyten in diesem Stadium, da Ferritin bei älteren Feten bereits 5 min nach der Injektion in den Zellen nachweisbar war. Interessant ist in diesem Zusammenhang die gute Übereinstimmung der experimentellen und enzymhistochemischen Befunde: die mangelhafte resorptive Leistung der Enterocyten und ihre relativ geringe Fermentaktivität am 19. Embryonaltag; der Beginn einer verstärkten Resorptionstätigkeit und eine deutliche Steigerung der Fermentaktivität sowie das Auftreten der Leucinaminopeptidase am 20. Embryonaltag; und schließlich die stärkste Resorptionsfähigkeit des fetalen Darmes und der bis dahin höchsten Fermentaktivität am 21. Embryonaltag.

In welchem Umfang Resorptionsvorgänge im fetalen Darm unter physiologischen Bedingungen ablaufen, ist ungeklärt. Wichtiger erscheint jedoch der Befund, daß der Darm während der Fetalzeit prinzipiell zur Resorption befähigt ist und daß den Feten auf diesem Wege über das Fruchtwasser z. B. Antikörper (vgl. Mayersbach, 1958; Brambell u. Hemmings, 1960) und evtl. auch Bau- und Betriebsstoffe (vgl. Schmidt, 1967) zugeführt werden können.

Von besonderem Interesse war im Zusammenhang mit diesen Untersuchungen die Klärung der Frage, welcher morphologisch faßbaren Mechanismen sich der fetale Enterocyt bedient, um die injizierten Substanzen aufzunehmen, und ob sich fetaler und erwachsener Dünndarm diesbezüglich unterscheiden. Dabei zeigte sich, daß Ferritin im postnatalen (Kraehenbuhl, Gloor u. Blanc, 1967) und erwachsenen (Cardell, Badenhausen u. Porter, 1967) Dünndarm der Ratte durch Pinocytose aufgenommen wird. In gleicher Weise erfolgt die Ferritinresorption im Dottersack (Krzyzowska-Gruca u. Schiebler, 1967). Unterschiede bestehen jedoch hinsichtlich der Fettaufnahme. Während Fett bei der erwachsenen Ratte nach neueren Untersuchungen in erster Linie in Form von freien Fettsäuren und Monoglyceriden ohne Beteiligung pinocytotischer Vorgänge durch Permeation in die Zelle gelangt (Cardell, Badenhausen u. Porter, 1967; Schmidt, 1965), zeigen die eigenen Befunde, daß die Pinocytose bei der Fettaufnahme im fetalen Darm eine entscheidende Rolle spielt. Zahlreiche mit Fett gefüllte Invaginationen des apikalen Plasmalemms sowie Fett enthaltende Bläschen im Bereich des terminalen Netzwerkes deuten darauf hin, daß eine nicht unbedeutende Fettmenge durch Pinocytose in die Zelle gelangt. Ob die Pinocytose im fetalen Darm den einzigen Fettresorptionsmechanismus darstellt oder ob auch freie Fettsäuren und Monoglyceride aufgenommen werden, entzieht sich der morphologischen Untersuchung. Warum fetaler und erwachsener Darm Fett in unterschiedlicher Weise resorbieren, ist unklar. Denkbar wäre es, daß pinocytotische Vorgänge im fetalen und postnatalen Darm in erster Linie für die Aufnahme von hochmolekularen Antikörpern und damit für die passive Immunisierung bestimmt sind (vgl. Halliday, 1959; Kraehenbuhl, Gloor u. Blanc, 1966) und daß das Fett die in diesem Entwicklungsstadium ohnehin vorhandenen großen Plasmalemminvaginationen lediglich mit als Eintrittspforte in die Zelle benutzt. Der Grund für die pinocytotische Fettaufnahme könnte aber auch darin zu suchen sein, daß die Spaltung der Fette im fetalen und frühen postnatalen Darm unvollkommen ist. Hierdurch könnte der Organismus gezwungen sein, zur Deckung seines Fettbedarfes auf ungespaltene Fette zurückzugreifen, die nur durch Pinocytose aufgenommen werden können. — Der weitere intracelluläre Fetttransport verläuft wie beim erwachsenen Tier (vgl. Palay u. Karlin, 1959; Cardell, Badenhausen u. Porter, 1967) über das glatte endoplasmatische Reticulum und den leicht vergrößerten Golgi-Apparat (ADAMSTONE, 1959).

Obwohl das Jejunum der Ratte zur Zeit der Geburt einen relativ hohen morphologischen, biochemischen und funktionellen Reifegrad besitzt, ist seine Differenzierung zu diesem Zeitpunkt noch nicht abgeschlossen. Morphologisch kommt es postnatal noch zur Entwicklung der Lieberkühnschen Krypten, zum Zottenwachstum sowie zur Bildung der Lamina muscularis mucosae. In funktioneller Hinsicht wichtiger sind jedoch die Veränderungen des Enzymmusters. Neben einer Lokalisationsänderung verschiedener Enzyme (vgl. MILLINGTON u. BROWN, 1967) fällt vor allem auf, daß sich die Enzymaktivitäten im prä- und postnatalen Dünndarm teilweise gegensinnig verhalten. Während vor der Geburt alle untersuchten Enzyme stark an Aktivität zunehmen, sinkt die Aktivität der alkalischen Phosphatase, Leucinaminopeptidase, α-Glycerophosphat-, β-Hydroxibuttersäure- und Glutamatdehydrogenase postnatal ab und bleibt in der von der Geburt bis etwa zum Ende der 2. Lebenswoche reichenden *3. Phase der Schleimhautdifferenzierung* teilweise niedrig. Saure Phosphatase, unspezifische Esterase, Glucose-6-phosphat-, Succinatdehydrogenase sowie NADH- und NADPH-Diaphorase zeigen dagegen einen geringgradigen Aktivitätsanstieg. Diese Befunde sind überraschend. Vergegenwärtigt man sich nämlich, daß der Dünndarm unmittelbar nach der Geburt funktionell stark belastet wird, so wäre eher mit einer starken Steigerung der Enzymaktivität zu rechnen, wie es z. B. beim Beginn der Funktionsaufnahme in den Belegzellen des Magens der Fall ist (VOLLRATH, 1959). Sicher bleiben die insgesamt geringe Fermentaktivität sowie die Aktivitätsabnahme nicht ohne Einfluß auf die funktionelle Leistungsfähigkeit des Dünndarms. Sollte das Enzymmuster des menschlichen Darmes nach der Geburt in gleicher Weise wie bei der Ratte reagieren, so könnte dies „Enzymdefizit" (DRISCOLL u. HSIA, 1958) mit ein Grund dafür sein, daß der junge Säugling in der frühen postnatalen Entwicklungsphase hinsichtlich Verdauung, Resorption und Verwertung der angebotenen Nahrung bis an die Grenze seiner Leistungsfähigkeit belastet wird (vgl. WIESENER, 1964).

In der *4. Phase der Schleimhautdifferenzierung*, die die 3. und den Anfang der 4. Lebenswoche umfaßt, findet schließlich die endgültige morphologische und histochemische Ausdifferenzierung des Jejunums statt. In dieser Zeit kommt es z. B. zum Auftreten der Panethschen Körnerzellen (BEHNKE u. MOE, 1964) sowie von Lymphfollikeln mit Keimzentren (HUMMEL, 1935). Ferner verschwinden in dieser Zeit die für die postnatalen Enterocyten typischen supranucleären Vacuolen. In funktioneller Hinsicht am bedeutsamsten ist jedoch die enzymatische Reifung der Enterocyten, die sich darin äußert, daß praktisch alle untersuchten Enzyme stark an Aktivität zunehmen und Maltase neu auftritt. Am Ende dieser Phase gleicht das Enzymmuster des Jungtieres vollständig dem des Erwachsenen, so daß der Darm zu diesem Zeitpunkt seine volle funktionelle Leistungsfähigkeit erreicht haben dürfte. In guter Übereinstimmung hiermit ist die Beobachtung, daß die Jungtiere um diese Zeit entwöhnt werden und feste Nahrung zu sich nehmen.

Von besonderem Interessse ist schließlich die Frage, worauf die während der Schleimhautentwicklung auftretenden Veränderungen des Enzymmusters zurückzuführen sind. Sie allein genetisch bedingt zu erklären, ist nicht mehr gerechtfertigt, seitdem gezeigt werden konnte, daß die verschiedensten extragenetischen Faktoren in die Entwicklung eingreifen (vgl. LINNEWEH, 1965; MOOG, 1965; KRETSCHMER u.

Greenberg, 1966). Aus diesem Grund wurde in der vorliegenden Studie das besondere Augenmerk auf jene Faktoren gerichtet, die möglicherweise zusätzlich zur genetischen Steuerung modellierend auf das Enzymmuster des Enterocyten einwirken.

In der Pränatalzeit bereitet die Klärung des Verhaltens der alkalischen und sauren Phosphatase keine besonderen Schwierigkeiten. Im Fall der alkalischen Phosphatase, eines an den Bürstensaum gebundenen Enzyms (vgl. Hugon u. Borgers, 1967, 1968), bestehen enge Beziehungen zwischen dem Auftreten des Enzyms am 17. Embryonaltag und der Ausbildung einiger kurzer Mikrovilli sowie der Vermehrung der zottenartigen Zellfortsätze und der Steigerung der Fermentaktivität in der Folgezeit. Möglicherweise hängt die Aktivitätssteigerung von der Vermehrung des die Mikrovilli überziehenden Mucopolysaccharidfilzes ab (Moog u. Wenger 1952). Bei der sauren Phosphatase, einem lysosomalen Enzym, geht die Aktivitätssteigerung offenbar der Lysosomenvermehrung parallel, wobei es zusätzlich zu einer Verstärkung des Reaktionsausfalles durch eine Verlagerung der Lysosomen vom basalen ins apikale Cytoplasma des Enterocyten kommt.

Schwieriger sind die zwischen dem 19. und 21. Embryonaltag erfolgende Aktivitätssteigerung der übrigen Fermente und das Auftreten der Leucinaminopeptidase am 20. Embryonaltag zu erklären. Auffalllend ist zunächst, daß die Aktivitätssteigerung unmittelbar nach der Zottenbildung beginnt und in den folgenden Tagen mit der Verlängerung der Zotten Hand in Hand geht. Es erhebt sich daher zunächst die Frage, worauf die enge zeitliche Koppelung der beiden Vorgänge zurückzuführen ist. Denkbar wäre es, daß diese nur scheinbar ist und dadurch zustandekommt, daß die chemische Reifung der Enterocyten sofort nach der relativ spät erfolgenden Zottenbildung einsetzt, um bis zum Geburtstermin einen genügend hohen Grad zu erreichen. Es würde sich dann in erster Linie um ein Problem des Terminplans der Entwicklung handeln.

Der Grund für den engen zeitlichen Zusammenhang könnte aber auch darin zu suchen sein, daß die Zottenbildung die enzymatische Differenzierung der Enterocyten fördert und sie dadurch unmittelbar nach sich zieht. Begünstigend könnte einmal die mit der Zottenbildung verbundene Umorientierung des Epithels zu einem einschichtigen Zellverband wirken, da hierdurch ein engerer Kontakt des einzelnen Enterocyten zur Blutbahn und zum Darminhalt gegeben ist. Auf diese Weise könnten einerseits humorale Faktoren in höherer Konzentration zu den Enterocyten gelangen als beim mehrschichtigen Epithel und andererseits evtl. im Darmlumen vorhandene Substrate besser wirksam werden und die Enzymbildung in diesen Zellen induzieren. Daß die Substratinduktion während der Organogenese prinzipiell in Erwägung zu ziehen ist, zeigt z. B. die Beobachtung, daß die Injektion von Phenylphosphat im Darm des Hühnchenembryos einen deutlichen Anstieg der alkalischen Phosphatase nach sich zieht (Kato u. Moog, 1958; Kato, 1959).

Die in den ersten Tagen nach der Zottenbildung erfolgende Verlagerung des Zellneubildungszentrums von der Zottenspitze zur Zottenbasis dürfte das Enzymmuster ebenfalls beeinflussen, da die relativ jungen Enterocyten der oberen Zottenbereiche hierdurch mit der Zeit verschwinden und durch ältere und stärker differenzierte Zellen der Zottenbasis ersetzt werden, die auf dem Wege zur Zottenspitze den verschiedensten extragenetischen Faktoren ausgesetzt waren.

Unter den in der Fetalzeit für die Enzymregulation in Frage kommenden humoralen Faktoren spielen Hormone möglicherweise eine besondere Rolle. Dies gilt vor allem für die Nebennierenrindenhormone (Cortisol), die z. B. das Auftreten der alkalischen Phosphatase im fetalen Darm der Ratte beschleunigen (HÉBERT, 1950) bzw. verstärken (ROSS u. GOLDSMITH, 1955). Ähnliche Beobachtungen wurden für alkalische Phosphatase (MOOG u. RICHARDSON, 1955) und Invertase (HIJMANS u. McCARTY, 1966) im Duodenum des Hühnchenembryos gemacht. Aufgrund dieses Befundes ist es daher nicht ausgeschlossen, daß die in der 2. Phase der Schleimhautdifferenzierung auftretenden Veränderungen des Enzymmusters wenigstens zum Teil hormonal bedingt sind, zumal das Hypophysen-Nebennierenrinden-System der Ratte in dieser Entwicklungsphase seine Funktion aufnimmt (JOSIMOVICH, LADMAN u. DEANE, 1954; YAKAITIS u. WELLS, 1956). Möglicherweise wirkt aber auch das Hypophysen-Schilddrüsen-System in dieser Phase modellierend auf das Enzymmuster (MOOG, 1961), das ebenfalls vor der Geburt in Tätigkeit tritt (HWANG u. WELLS, 1958). — Ferner ist damit zu rechnen, daß der Hormonhaushalt des Muttertieres das enzymatische Verhalten der Frucht beeinflußt. In diese Richtung deuten z. B. die Befunde, daß Adrenalektomie des Muttertieres zu einem vorzeitigen Auftreten der alkalischen Phosphatase im Darm des Fetus führen soll (HÉBERT u. DEMAY, 1956).

In der frühen Postnatalperiode fällt vor allem das Absinken einiger Enzymaktivitäten auf. Hält man sich vor Augen, daß die Zeit vor und nach dieser Phase jeweils durch Steigerungen der Enzymaktivität gekennzeichnet ist und daß der zweite Anstieg zu dem für erwachsene Tiere typischen Niveau führt, so gewinnt man den Eindruck, daß hier ein möglicherweise kontinuierlicher Reifungsvorgang unterbrochen wird. Worauf diese Unterbrechung im einzelnen zurückzuführen ist, ist noch unklar. In Frage kommen eine Reihe von Faktoren.

Einmal ist zu berücksichtigen, daß die Geburt selbst eine entscheidende Bedeutung für evtl. Enzymveränderungen haben kann. So konnte z. B. durch Verkürzung bzw. künstliche Verlängerung der Schwangerschaft gezeigt werden, daß der unmittelbar nach der Geburt erfolgende Anstieg der Tryptophanpyrrolase beim Meerschweinchen geburts- und nicht altersbedingt ist (NEMETH, 1963). Sicherlich stellt der Übergang vom intrauterinen zum extrauterinen Leben einen eingreifenden Milieuwechsel und einen Stress dar (LINNEWEH u. STAVE, 1960). Die mit der Geburt verbundene hormonale Umstellung, die durch den Wegfall der mütterlichen und in der Plazenta gebildeten Hormone zustandekommt, dürfte sich auch im Enzymmuster von Organen des Neugeborenen wiederspiegeln, wenn man sich vor Augen hält, daß Hormone, wie z. B. Cortisol, die Synthese von Enzymeiweiß induzieren (SEKERIS, 1967; SEUBERT, 1967). Hinzu kommt, daß die Tätigkeit der Nebennierenrinde nach der Geburt zunächst nachläßt und erst relativ spät in Gang kommt (JAILER, 1950; JOSIMOVICH, LADMAN u. DEANE, 1954; SCHAPIRO, GELLER u. EIDUSON, 1962; MILKOVIĆ u. MILKOVIĆ, 1963; EGUCHI u. MORIKAWA, 1967). Ob die in der frühen Postnatalperiode auftretende Enzymdepression auf eine Inaktivierung vorhandener Enzyme oder eine unzureichende Enzymneubildung zurückzuführen ist, kann nicht ohne weiteres entschieden werden. Für eine verringerte Neubildung sprechen die Befunde, daß es bei Ratte und Kaninchen am 5. Tag post partum zu einem steilen Abfall der Eiweißneubildungsrate im Magen-Darm-Kanal kommt (SCHREIER u. PORATH, 1965). In die gleiche Richtung deutet die in der Postnatalperiode im Vergleich zur Praenatalzeit auftretende RNS-Abnahme in den Enterocyten.

Zusätzlich zu den bisher beschriebenen Faktoren dürfte aber auch der Beginn der Nahrungsaufnahme einen entscheidenen Einfluß auf das Enzymmuster des Neugeborenendarms ausüben. In diesem Sinne sprechen die an Feten durchgeführten Fütterungsversuche, bei denen sich zeigte, daß es nach Fettapplikation bei einer Reihe von Enzymen (alkalische und saure Phosphatase, unspezifische Esterase, Glucose-6-phosphat-, β-Hydroxibuttersäure-, Succinat-, Lactatdehydrogenase, NADH-Diaphorase) zu einer Aktivitätssteigerung kommt, die normalerweise bei den meisten dieser Enzyme auch in der frühen Postnatalperiode auftritt. Unterstrichen wird der Einfluß der Nahrungsaufnahme dadurch, daß die Fettapplikation im fetalen Darm bei Leucinaminopeptidase, α-Glycerophosphat- und Glutamatdehydrogenase zu einer deutlichen Aktivitätsabnahme führt und daß diese Enzyme auch postnatal unter physiologischen Bedingungen mit einer Aktivitätsverminderung reagieren. Betrachtet man jedoch das Verhalten der alkalischen Phosphatase und der β-Hydroxibuttersäuredehydrogenase, deren Aktivität postnatal absinkt, aber beim Fetus nach Fettverabreichung zunimmt, so wird deutlich, daß sicherlich nicht alle postnatalen Veränderungen des Enzymmusters funktionsbedingt sind. Denkbar ist es, daß ein Teil der Enzymveränderungen, wie im Dünndarm der Maus bei der alkalischen Phosphatase (MOOG, 1961; MOOG, VIRE u. GREY, 1966), auf Verschiebungen im Isozymspektrum zurückzuführen ist.

Wovon die mit dem Beginn der Nahrungsaufnahme auftretenden Veränderungen des Enzymmusters im einzelnen abhängen, ist unklar. In Frage kommen u. a. Substrat- und Produkthemmung sowie Substratinduktion (vgl. KARLSON, 1966). Daß die Abnahme der Enzymaktivität durch die histochemische Methodik vorgetäuscht wird, ist nicht sehr wahrscheinlich, da eine Abnahme für andere Enzyme (β-Glucuronidase, Disaccharidasen) auch biochemisch nachgewiesen werden konnte (RUBINO, ZIMBALATTI u. AURICCIO, 1964; KOLDOVSKÝ u. CHYTIL, 1965; HERINGOVÁ et al., 1965; KOLDOVSKÝ et al., 1965/66). Sicherlich sind die Enzymveränderungen bei den Fütterungsversuchen nicht auf eine veränderte Nebennierenrindenfunktion des Fetus zurückzuführen, da selbst Laparotomie und Anaesthesie nicht zu einer Ascorbinsäureverminderung in den Nebennieren führen (EGUCHI u. WELLS, 1965).

Auch hinsichtlich der Faktoren, die für die Enzymveränderungen der 4. Phase der Schleimhautdifferenzierung verantwortlich sind, können keine endgültigen Aussagen gemacht werden. Auffallend ist zunächst, daß der Abschluß der Chemodifferenzierung in den verschiedensten Organen der Ratte etwa zur selben Zeit erfolgt (Herz: TOTH u. SCHIEBLER, 1967; Hypothalamus: PILGRIM, 1967; Sehbahn: IIDA u. SCHIEBLER, 1968; Kleinhirn: KUCKUK, 1967), so daß für den letzten Abschnitt der Chemodifferenzierung ein einheitlicher, wahrscheinlich genetisch festgelegter Terminplan zu bestehen scheint. Da in dieser Entwicklungsphase aber auch extragenetische Faktoren wirksam werden können und sich z. B. der Aktivitätsanstieg der alkalischen Phosphatase im Dünndarm der Ratte (ROSS u. GOLDSMITH, 1955; HALLIDAY, 1959) und der Maus (MOOG, 1953) sowie der Invertase im Rattendünndarm (DOELL u. KRETSCHMER, 1964; DOELL, ROSEN u. KRETSCHMER, 1965) durch Hydrocortisongaben verstärken bzw. beschleunigen läßt, war es naheliegend zu klären, ob und inwieweit die in der 4. Phase der Schleimhautdifferenzierung erfolgende enzymatische Reifung unter dem Einfluß der Nebennierenrindenhormone steht. Zu diesem Zweck wurde geprüft, welche Wirkung 3tägige Gaben von Hydrocortisonacetat auf die Entwicklung des postnatalen Enzymmusters des Rattendünndarms haben. Dabei zeigte sich, daß nur ein Teil der untersuchten Enzyme mit einer vorzeitigen Aktivitätssteigerung reagiert. Mit relativ großer Regelmäßigkeit ist dies bei der alkalischen und sauren Phosphatase, der Leucinaminopeptidase und der Glucose-6-phosphatdehydrogenase der Fall, nicht ganz so regelmäßig bei der Succinat- und Lactatdehydrogenase sowie der NADH- und NADPH-Diaphorase. In den ersten Tagen nach der Geburt und am Anfang der 4. Lebenswoche, in der die Chemodifferenzierung praktisch abgeschlossen ist, kann dieser Effekt nicht mehr mit Sicherheit erzielt werden, so daß sich die Enzymaktivierung auf bestimmte sensible oder kritische Phasen beschränkt (vgl. KRETSCHMER u. GREENBERG, 1966). Uneinheitlich sind die Resultate bei der unspezifischen Esterase, der α-Glycerophosphat- und Glutamatdehydrogenase, bei denen sich teils eine Zunahme, teils eine Abnahme, vielfach auch keine Unterschiede im Vergleich zum Kontrolltier desselben Wurfes fanden. Mit einer auffallenden, aber ungeklärten Aktivitätsabnahme reagiert die β-Hydroxibuttersäuredehydrogenase.

An Hand dieser Befunde wird deutlich, daß Nebennierenrindenhormone zwar in die Chemodifferenzierung einzugreifen vermögen und sie beschleunigen können, daß es aber nicht möglich ist, sie ausschließlich für die enzymatische Reifung verantwortlich zu machen. In diese Richtung deuten auch die Befunde nach Behandlung mit Metopiron, das die Biosynthese von Cortisol, Aldosteron und Corticosteron durch selektive Blockierung der enzymatischen 11 β-Hydroxilierung am Steroidring hemmt, da sich die in der 4. Schleimhautdifferenzierungsphase erfolgende enzymatische Reifung auch durch 1wöchige Metopirongaben nicht verhindern läßt. Inwieweit Sexualhormone in dieser Entwicklungsphase am Darm wirksam werden, ist noch nicht untersucht worden. Interessant ist jedoch, daß sich durch derartige Hormongaben z. B. in der Samenblase (HENNINGSEN, 1963) und der Niere (SCHIEBLER u. MÜHLENFELD, 1966) eine vorzeitige Ausbildung des für erwachsene Tiere typischen Enzymmusters erzielen läßt. Möglicherweise ist das aber nur in solchen Organen der Fall, die geschlechtsspezifische Unterschiede ihres Enzymmusters aufweisen. Wie die vorliegenden Befunde zeigen, lassen sich am Jejunum der Ratte geschlechtsspezifische Unterschiede aber nicht mit Sicherheit nachweisen.

Schluß

Überblickt man abschließend die Studie insgesamt, so drängt sich die Frage auf, ob der hier für die Darmentwicklung beschriebene Terminplan auch für andere Organe bzw. Organsysteme der Ratte Gültigkeit hat und ob es möglich ist, aus dem Verhalten des Rattendünndarms auf ähnliche Verhältnisse bei anderen Spezies und beim Menschen zu schließen. Beide Fragen sind zur Zeit nur in begrenztem Umfang zu beantworten, da erst wenige einschlägige systematische Untersuchungen vorliegen.

Vergleicht man bei der Ratte die Entwicklung des Darms mit der anderer Organe, z. B. mit der des Herzens (TOTH u. SCHIEBLER, 1967), der Samenblase (HENNINGSEN, 1963), der Niere (vgl. MOOG, 1965) und verschiedener Gehirnteile (OCHI, 1966, Bulbus olfactorius; KUCKUK, 1967, Kleinhirn; PILGRIM, 1967, Hypothalamus;

Schachenmayr, 1967, Ependym und Plexus chorioideus; Iida u. Schiebler, 1968, Sehbahn), so findet man, daß die Differenzierung des Darmes in den letzten Tagen vor der Geburt relativ am weitesten fortgeschritten ist. Dagegen ist die Entwicklung der Samenblase in den letzten Tagen der Embryonalzeit sowohl morphologisch als auch histochemisch erst im Anfang. Es entsteht daher der Eindruck, daß bereits bei einer Spezies bemerkenswerte Unterschiede im zeitlichen Ablauf der Organentwicklung bestehen. Sicher spielen hierbei auch funktionelle Gesichtspunkte eine Rolle. Wesentlich scheint uns aber die Tatsache zu sein, daß der Abschluß der Entwicklung für alle bisher näher untersuchten Organe der Ratte annähernd gleichzeitig erfolgt, etwa in der 6. Lebenswoche (35. bis 40. Lebenstag). Man könnte sich vorstellen, daß in dem Maße, in dem die verschiedenen Organe zueinander in funktionelle Beziehung treten, auch der Entwicklungsablauf korreliert wird. — Während zwischen den Organen verschiedener Organsysteme größere Unterschiede im Terminplan der Entwicklung nachzuweisen sind, scheinen innerhalb *eines* Organsystems relativ enge zeitliche Zusammenhänge zu bestehen. Am Darm wird dies z. B. daran deutlich, daß sich Zotten und Becherzellen im Duodenum nur einen Tag eher als im Jejunum entwickeln (vgl. Krause u. Leeson, 1967).

Schwieriger als der Vergleich der Entwicklung der verschiedenen Organsysteme bei einem Tier ist es, das Verhalten eines Organsystems bei verschiedenen Arten in Beziehung zu setzen. Es bestehen erhebliche Speziesunterschiede (vgl. Albrecht, 1957; Doell u. Kretschmer, 1964), die zum Teil vom Entwicklungstyp (Nesthocker oder Nestflüchter) abhängen. Für den Darm lassen sich bei den verschiedenen Arten aber doch auch wieder Gemeinsamkeiten finden, besonders wenn die feinstrukturelle Differenzierung (Deren, Strauss u. Wilson, 1965, Kaninchen; Overton, 1965, Maus; Overton u. Shoup, 1964, Dobbins, Hijmans u. McCarty, 1967, Hühnchen; Merrill, Sprinz u. Tousimis, 1967, Meerschweinchen) oder das Verhalten der alkalischen Phosphatase (Moog, 1951, Maus; Moog, 1961 b, Hühnchen; Anderson u. Leissring, 1961, Meerschweinchen) betrachtet wird. In allen Fällen kommt der Perinatalzeit eine besondere Bedeutung zu. Es sei auf die vielfach nachgewiesenen Lokalisations- (Millington u. Brown, 1967) und Aktivitätsveränderungen (Esterly, 1967) der verschiedenen Enzyme verwiesen oder auf die Beschleunigung der Wanderungsgeschwindigkeit der Enterocyten von den Lieberkühnschen Krypten zur Zottenspitze (Koldovsky, Sunshine u. Kretschmer, 1966).

Eine weitere offene Frage ist die nach Rückschlüssen von an Tieren erhobenen Befunden auf den Menschen. Hierüber nähere Auskunft zu erhalten, wäre aus zahlreichen, auch praktisch-medizinischen Gründen wichtig. Wir glauben jedoch feststellen zu müssen, daß die bereits im Tierreich nachgewiesenen Unterschiede so weitgehend sind, daß hier nur an menschlichem Material durchgeführte Untersuchungen weiterhelfen können. Die einzige bisher vorliegende umfassendere Untersuchung stammt von Rossi (1964), die jedoch zu den in unserer Studie dargelegten Problemen keine Stellung nimmt.

Zusammenfassung

An 304 männlichen und weiblichen Wistarratten verschiedenen Alters wurden morphologische, histochemische und experimentelle Untersuchungen durchgeführt, um Einblick in Strukturentwicklung und Chemodifferenzierung des Jejunums zu bekommen. Die experimentellen Untersuchungen sollten klären, von welchem Entwicklungsstadium ab das Jejunum funktionstüchtig ist und welche Faktoren die enzymatische Differenzierung des Darmes beeinflussen.

Im Jejunum der Ratte folgen Histogenese und Chemodifferenzierung einem festgesetzten Terminplan. Die Schleimhautdifferenzierung beginnt im letzten Viertel der Tragzeit; es lassen sich vier Entwicklungsphasen unterscheiden. In der ersten Phase (16.—19. Embryonaltag) stehen morphologische Veränderungen im Vordergrund. Das am 16. Embryonaltag relativ undifferenzierte 2reihige Zylinderepithel proliferiert an den beiden folgenden Tagen stark und engt das Darmlumen weitgehend ein. Enterocyten mit kurzen Mikrovilli lassen sich erstmalig am 17. Embryonaltag nachweisen. Am 18. Embryonaltag sind die ersten, nur wenige Sekretgranula enthaltende enterochromaffinen Zellen und Becherzellen vorhanden. Ferner beginnt die Zottenbildung, indem an der Epitheloberfläche Knospen und fingerförmige Einsenkungen entstehen. Von deren tiefsten Punkt gehen etwa 2000Å breite Spalträume mit kurzen Mikrovilli aus, die das Epithel weitgehend parzellieren und auf diese Weise bindegewebsfreie Primärzotten abgrenzen. Im Gegensatz zum Menschen kommt es bei der Ratte erst sekundär zum Einsprossen von Mesenchym in das Epithel. Kurze, plumpe Zotten sind erstmalig am 19. Embryonaltag nachweisbar. —

In der 2. Phase der Schleimhautdifferenzierung (19. Embryonaltag bis zur Geburt) stehen im Darm Vorgänge der Chemodifferenzierung im Vordergrund. Alkalische Phosphatase, saure Phosphatase, unspezifische Esterase, Glucose-6-phosphat-, α-Glycerophosphat-, Glutamat-, β-Hydroxibuttersäure-, Succinat- und Lactatdehydrogenase sowie NADH- und NADPH-Diaphorase nehmen stark an Aktivität zu, und Leucinaminopeptidase tritt am 20. Embryonaltag im Zottenepithel neu auf. Auf tiefgreifende Veränderungen im Zellstoffwechsel weisen auch das Auftreten und Verschwinden relativ großer Glykogenmengen hin. Da die im Dienst der Resorption, Sekretion und Motilität stehenden Strukturen in dieser Entwicklungsphase morphologisch und enzymhistochemisch relativ hoch differenziert sind, dürfte der Dünndarm zu dieser Zeit die Fähigkeit zur Funktion besitzen.

Die experimentellen Untersuchungen, bei denen 19—21 Tage alten Feten Sonnenblumenöl per os verabreicht und Ferritin direkt ins Darmlumen injiziert wurde, bestätigen dies. Am 21. Embryonaltag resorbieren die Enterocyten die injizierten Substanzen in relativ großer, am 20. in deutlich geringerer Menge. Am 19. Embryonaltag ist ihre Resorptionstüchtigkeit noch nicht sehr ausgeprägt. Beide Substanzen werden durch Pinocytose aufgenommen.

Die besondere Bedeutung der Perinatalzeit für Differenzierungsvorgänge im Darm zeigt sich ferner daran, daß in der von der Geburt bis zum Ende der 2. Lebenswoche reichenden 3. Phase der Schleimhautdifferenzierung die Aktivität verschiedener Enzyme abnimmt (alkalische Phosphatase, Leucinaminopeptidase, α-Glycerophosphat-, β-Hydroxibuttersäuredehydrogenase) und bis auf die der alkalischen Phosphatase und β-Hydroxibuttersäuredehydrogenase auch niedrig bleibt. Die übrigen Enzyme nehmen mehr oder weniger stark zu.

In der 4. Phase der Schleimhautdifferenzierung (3. und Anfang der 4. Lebenswoche) kommt es neben geringgradigen morphologischen Veränderungen vor allem zum Abschluß der Chemodifferenzierung. Fast alle untersuchten Enzyme nehmen stark an Aktivität zu, und Maltase tritt neu auf, so daß das Enzymmuster am Ende dieser Phase dem des erwachsenen Tieres gleicht. Zu diesem Zeitpunkt, der mit der Entwöhnung zusammenfällt, dürfte das Jejunum die Funktion des ausgewachsenen Tieres besitzen.

Unter den Faktoren, die in der Postnatalzeit für Veränderungen des Enzymmusters verantwortlich sind, scheint unmittelbar nach der Geburt die Nahrungsaufnahme eine wichtige Rolle zu spielen. Hierfür spricht, daß die meisten Enzyme im fetalen Darm nach Fettfütterung und im postnatalen Darm unter physiologischen Bedingungen gleichsinnig reagieren. Daneben wirken Nebennierenrindenhormone modellierend auf das Enzymmuster. Durch Hydrocortisongaben gelingt es nämlich, während bestimmter Entwicklungsphasen eine Aktivitätssteigerung zahlreicher Enzyme zu erzielen und die enzymatische Reifung zu beschleunigen. Die Reifung hängt jedoch nicht ausschließlich von der Nebennierenrindenfunktion ab, da sie auch nach Ausschaltung der Nebennierenrinde durch Metopiron erfolgt.

Summary

In the present investigation, 304 male and female Wistar rats of different ages were used for a morphological, histochemical and experimental study of the structural development and the chemodifferentiation of the jejunum. The object of the experimental studies was to detect the moment the jejunum is capable of functioning and to elucidate the factors that affect the enzymatic differentiation of the intestine.

In the rat jejunum histogenesis and chemodifferentiation follow a distinct schedule. The differentiation of the mucous membrane starts in the last quarter of gestation, and 4 periods may be distinguished. In the first period (between 16 and 19 days gestation), morphological changes predominate. The epithelium, pseudostratified at 16 days, proliferates rapidly during the following two days and narrows the lumen of the intestine. Enterocytes characterized by short microvilli appear at 17, and enterochromaffin and goblet cells containing only few secretory granules at 18 days gestation. Furthermore the formation of villi starts as recognized by the presence of epithelial projections and finger-like invaginations on the surface of the epithelium. From the bottom of the invaginations, 2000 Å wide clefts filled with microvilli penetrate the epithelium dividing it into primary villi without connective tissue. In the rat, unlike in man, the upgrowth of mesenchyme into the epithelium is the second step in the formation of villi. The first villi are observed at 19 days gestation.

In the second period of mucous membrane differentiation (from 19 days gestation to birth), processes of chemodifferentiation predominate. In the enterocytes, alkaline and acid phosphatase, nonspecific esterase, glucose-6-phosphate-, α-glycerophosphate-, glutamate-, β-hydroxybutyrate-, succinate-, lactate dehydrogenase as well as NADH- and NADPH-diaphorase strongly increase in activity and leucine aminopeptidase makes its appearance at 20 days gestation. As further signs of metabolic changes, relatively high amounts of glycogen appear and disappear a few days later. Since the structures involved in absorption, secretion and motility are relatively highly differentiated in this period of development, it is suggested that the jejunum is capable of functioning. This view is in accordance with the results of the experimental studies in which sunflower oil was administered per os and ferritin injected into the lumen of the small intestine of 19—21 days old rat fetuses. At 21 days gestation, the intestine absorbs relatively high amounts of these substances by pinocytosis; at 20 days, the absorption is less pronounced, and at 19 days the absorptive capacity of the enterocytes is poor.

The importance of the perinatal period for developmental processes in the intestine is also demonstrated by the observation that, in the third period of mucous membrane differentiation (from birth to the end of the second week of life), several enzymes (alkaline phosphatase, leucine aminopeptidase, α-glycerophosphate-, β-hydroxybutyrate dehydrogenase) decrease in activity and remain low except alkaline phosphatase and β-hydroxybutyrate dehydrogenase. The other enzymes investigated show a more or less steady increase in activity.

In the 4th period of mucous membrane differentiation (3rd and beginning of the 4th week of life) some minor morphological changes occur and the chemodifferentiation is terminated. Most enzymes exhibit a strong increase in activity and maltase makes its appearance. At the end of this period, the enzyme pattern of the young animal resembles that of the adult and it is suggested that the function of the jejunum is like that in the adult. This view agrees with the observation that weaning starts at the end of this period.

Among the factors responsible for changes in the enzyme pattern in the postnatal period, immediately after birth the food-intake seems to play an important role. This is demonstrated by the finding that most enzymes show corresponding changes in the fetal small intestine after oil feeding and in the postnatal period under physiological conditions. Furthermore hormones of the adrenal cortex affect the enzyme pattern. In certain periods of development injections of hydrocortisone lead to an increase in the activity of many enzymes and thus to a precocious maturation of the intestine. The presence of adrenocortical hormones, however, is not the only factor responsible for the maturation of the enzyme pattern as the ripening does also occur after blocking the adrenal cortex by metopiron.

Literatur

ADAMSTONE, F. B.: Reaction of the Golgi apparatus of intestinal epithelial cells of the rat to the ingestion of a neutral fat or fatty acid J. Morph. **105**, 293—316 (1959).

ALBRECHT, W.: Die Phosphatasen der Darmschleimhaut. I. Altersabhängigkeit der Phosphatase-Aktivität in der Darmschleimhaut der Maus. Z. Kinderheilk. **79**, 264—269 (1957).

ALTMANN, F. P., and J. CHAYEN: The significance of a functioning hydrogen-transport system for the retention of "soluble" dehydrogenases in unfixed sections. J. roy. micr. Soc. **85**, 175—180 (1965).

ALVAREZ, A., and J. SAS: β-galactosidase changes in the developing intestinal tract of the rat. Nature (Lond.) **190**, 826—827 (1961).

ANDERSON, J. W., and J. C. LEISSRING: The transfer of serum proteins from mother to young in the guinea pig. II. Histochemistry of tissues involved in prenatal transfer. Amer. J. Anat. **109**, 157—173 (1961).

BAINTNER, K., and B. VERESS: Longitudinal differentiation of the small intestine. Nature (Lond.) **215**, 774—776 (1967).

BARGMANN, W.: Histologie und mikroskopische Anatomie des Menschen, 6. Aufl. Stuttgart: Georg Thieme 1967.

BARKA, T., and P. J. ANDERSON: Histochemistry. New York, Evanston and London: Harper & Row, Inc. 1963.

Behnke, O.: Demonstration of acid phosphatase containing granules and cytoplasmic bodies in the epithelium of the foetal rat duodenum during certain stages of differentiation. J. Cell Biol. **18**, 251—265 (1963).

—, and H. Moe: An electron microscope study of mature and differentiating Paneth cells in the rat, especially of their endoplasmic reticulum and lysosomes. J. Cell Biol. **22**, 633—652 (1964).

Bergener, M.: Die Feinstruktur des Dünndarmepithels während der physiologischen Milchresorption beim jungen Goldhamster, Z. Zellforsch. **57**, 428—472 (1962).

Berlin, J. D.: The localization of acid mucopolysaccharides in the Golgi complex of intestinal goblet cells. J. Cell Biol. **32**, 760—766 (1967).

Bierring, F.: Electron microscopic observations on the mucus production in human and rat intestinal goblet cells. Acta path. microbiol. scand. **54**, 241—252 (1962).

— H. Andersen, J. Egeberg, F. Bro-Rasmussen, and M. Matthiessen: On the nature of the meconium corpuscles in human foetal intestinal epithelium. 1. Electron microscopic studies. Acta path. microbiol. scand. **61**, 365—376 (1964).

Blümcke, S., u. H. R. Niedorf: Elektronenmikroskopischer Beitrag zur Bildung der Basalmembran Schwanncher Zellen. Naturwissenschaften **52**, 621 (1965).

Brambell, F. W. R., and W. A. Hemmings: The transmission of antibodies from mother to fetus. In: The Placenta and fetal membranes (C. A. Villee, ed.) New York: William & Wilkins Co. 1960.

Brown, K. M., and F. Moog: Invertase activity in the intestine of the developing chick. Biochem. biophys. Acta (Amst.) **132**, 185—187 (1967).

Cardell, R. R., S. Badenhausen, and K. R. Porter: Intestinal triglyceride absorption in the rat. An electron microscopical study. J. Cell Biol. **34**, 123—155 (1967).

Clara, M.: Entwicklungsgeschichte des Menschen, 6. Aufl. Leipzig 1966.

Cohen, A.: Développement de l'activité phosphatasique alcaline au niveau de l'intestin d'embryons de Rats. C. R. Soc. Biol. (Paris) **151**, 918—921 (1957).

Deane, H. W.: Some electron microscopic observations on the lamina propria of the gut, with comments on the close association of macrophages, plasma cells and eosinophils. Anat. Rec. **149**, 453—473 (1964).

Deren, J. J., E. W. Strauss, and T. H. Wilson: The development of structure and transport systems of the fetal rabbit intestine. Develop. Biol. **12**, 467—486 (1965).

Dobbins, W. O., J. C. Hijmans, and K. S. McCarty: A light and electron microscopic study of duodenal epithelium of chick embryos cultured in the presence and absence of hydrocortisone. Gastroenterology **53**, 557—574 (1967).

Doell, R. G., and N. Kretschmer: Invertase in the intestine of the developing rat. Fed. Proc. **22**, 495 (1963).

— — Intestinal invertase: precocious development of activity after injection of hydrocortisone. Science **143**, 42—44 (1964).

— G. Rosen, and N. Kretschmer: Immunochemical studies of intestinal disaccharidases during normal and precocious development. Proc. nat. Acad. Sci. (Wash.) **54**, 1268—1273 (1965).

Driscoll, S. G., and D. Y.-Y. Hsia: The development of enzyme systems during early infancy. Pediatrics **22**, 785—845 Suppl. (1958).

Dunn, J. S.: The fine structure of the absorptive epithelial cells of the developing small intestine of the rat. J. Anat. (Lond.) **101**, 57—68 (1967).

Duspiva, F.: Biochemie des Wachstums und der Differenzierung. In: Hdb. der allgemeinen Pathologie (F. Büchner, E. Letterer, F. Roulet, Hrsg.) Bd. VI/1. Berlin-Göttingen-Heidelberg: Springer 1955.

Eguchi, Y., and Y. Morikawa: The effect of bilateral or unilateral adrenalectomy and bilateral thyroidectomy on the anterior pituitary of perinatal rats. Anat. Rec. **159**, 357—364 (1967).

—, and L. J. Wells: Response of the hypothalamo-hypophyseal adrenal axis to stress: Observations in fetal and caesarian newborn rats. Proc. Soc. exp. Biol. (N.Y.) **120**, 675—678 (1965)

Esterly, J. E.: Histochemical demonstration of intestinal glycosidases in the neonatal rat. Biol. Neonat. (Basel) **11**, 378—388 (1967).

Farquhar, M. G., and G. E. Palade: Junctional complexes in various epithelia. J. Cell Biol. **17**, 375—412 (1963).

FEYRTER, F.: Über die Pathologie peripherer vegetativer Regulationen am Beispiel des Karzinoids und des Karzinoidsyndroms. In: Handbuch der allgemeinen Pathologie, Bd. VIII/2 (F. BÜCHNER, E. LETTERER, F. ROULET, Hrsg.). Berlin-Heidelberg-New York: Springer 1966.

FISCHER, J. E.: Effects of feeding a diet containing lactose upon β-D-galactosidase activity and organ development in the rat digestive tract. Amer. J. Physiol. 188, 49—53 (1957).

FREEMAN, J. A.: Goblet cell fine structure. Anat. Rec. 154, 121—148 (1966).

FRIEDMAN, B., D. S. STRACHAN, and M. M. DEWEY: Histochemical and biochemical analysis of nonspecific esterases of the small intestine of the rat. J. Histochem. Cytochem. 14, 560—566 (1966).

GABELLA, G.: Neurone number in the myenteric plexus in new-born and adult rats. Experientia (Basel) 23, 52—54 (1967).

GRAUMANN, W.: Zur Charakterisierung epithelialer Schleimstoffe. Verh. Anat. Ges. (Jena), Anat. Anz. Erg.-H. zu 106/107, 103—107 (1960).

HALLIDAY, R.: Effect of steroid hormones on the absorption of antibody in the young rat. J. Endocr. 18, 56—66 (1959).

HAYWARD, A. F.: Ultrastructural changes associated with the onset of pinocytosis in the epithelium of the developing small intestine. J. Anat. (Lond.) 101, 615 (1967a).

— Changes in the fine structure of developing intestinal epithelium associated with pinocytosis. J. Anat. (Lond.) 102, 57—70 (1967b).

HÉBERT, S.: Les phosphatases alcalines de l'intestin. Étude histochimique expérimentale. Arch. Biol. (Liège) 61, 235—289 (1950).

—, et A. DEMAY: Le test de l'activité phosphatasique de l'intestin chez les embryons de rats issus de mères surrénalectomisées. C. R. Soc. Biol. (Paris) 150, 335—336 (1956).

HENNINGSEN, B.: Über die Entwicklung und Chemodifferenzierung der Glandula vesiculosa und der Koagulationsdrüse der Ratte unter normalen und experimentellen Bedingungen. Z. Zellforsch. 59, 405—442 (1963).

HERINGOVÁ, A., V. JIRSOVÁ, and O. KOLDOVSKÝ: Postnatal development of β-glucuronidase in the jejunum and ileum of rats. Canad. J. Biochem. 43, 173—178 (1965).

HIJMANS, J. C., and K. S. McCARTY: Induction of invertase activity by hydrocortisone in chick embryo duodenum cultures. Proc. Soc. exp. Biol. (N. Y.) 123, 633—637 (1966).

HILTON, W. A.: The morphology and development of intestinal folds and villi in vertebrates. Amer. J. Anat. 1, 459—504 (1902).

HOLLMANN, K.: The fine structure of the goblet cells in the rat intestine. Ann. N. Y. Acad. Sci. 106, 545—554 (1963).

HOLTER H.: Physiologie der Pinozytose bei Amöben. In: Sekretion und Exkretion, hrsg. von K. E. WOHLFAHRT-BOTTERMANN. Berlin-Heidelberg-New York: Springer 1965.

HUGON, J., and M. BORGERS: Submicroscopic localization of the alkaline phosphatase activity in the duodenum of the rat. Exp. Cell Res. 45, 698—702 (1967).

— — Fine structural localization of acid and alkaline phosphatase activities in the absorbing cells of the duodenum of rodents. Histochemie 12, 42—66 (1968).

HUMMEL, K.: The structure and development of the lymphatic tissue in the intestine of the albino rat. Amer. J. Anat. 57, 351—384 (1935).

HWANG, U. K., and L. J. WELLS: Functioning of the hypophysis-thyroid system in the fetal rat. Anat. Rec. 130, 317—318 (1958).

IIDA, T., u. T. H. SCHIEBLER: Über die Chemodifferenzierung der Sehbahn der Ratte. Morphologische, histochemische und experimentelle Untersuchungen. Histochemie 12, 265—284 (1968).

ITO, S.: The enteric surface coat on cat intestinal microvilli. J. Cell Biol. 27, 475—491 (1965).

JAILER, J.: The maturation of the pituitary-adrenal axis in the new-born rat. Endocrinology 46, 420—425 (1950).

JERVIS, J. R.: Enzymes in the mucosa of the small intestine of the rat, the guinea-pig, and the rabbit. J. Histochem. Cytochem. 11, 692—699 (1963).

JOHNSON, F. P.: The development of the mucous membrane of the oesophagus, stomach and small intestine in the human embryo. Amer. J. Anat. 10, 521—561 (1910).

JOHNSON, F. R., and J. H. KUGLER: The distribution of alkaline phosphatase in the mucosal cells of the small intestine of the rat, cat and dog. J. Anat. (Lond.) 87, 247—256 (1953).

Josimovich, J. B., A. J. Ladman, and H. W. Deane: A histophysiological study of the developing adrenal cortex of the rat during fetal and early postnatal stages. Endocrinology **54**, 627—639 (1954).

Kammeraad, A.: The development of the gastro-intestinal tract of the rat. I. Histogenesis of the epithelium of the stomach, small intestine and pancreas. J. Morph. **70**, 323—351 (1942).

Karlson, P.: Kurzes Lehrbuch der Biochemie für Mediziner und Naturwissenschaftler, 5. Aufl. Stuttgart: Georg Thieme 1966.

Kato, Y.: The induction of phosphatase in various organs of the chick embryo. Develop. Biol. **1**, 477—510 (1959).

—, and F. Moog: Differences in response of phosphatase in chick embryo to injection of substrate. Science **127**, 812—813 (1958).

Kent, J. F.: Distribution and fine structure of globule leucocytes in respiratory and digestive tracts of the laboratory rat. Anat. Rec. **156**, 439—454 (1966).

Koldovský, O., and F. Chytil: Postnatal development of β-galactosidase activity in the small intestine of the rat. (Effect of adrenalectomy and diet.) Biochem. J. **94**, 266—270 (1965).

— A. Heringová, M. Hošková, V. Jirsová, R. Noack, M. Friedrich, and G. Schenck: The postnatal development of enzyme activities of the small intestine. Biol. Neonat. (Basel) **9**, 33—43 (1965/66).

— P. Sunshine, and N. Kretschmer: Cellular migration of intestinal epithelia in suckling and weaned rats. Nature (Lond.) **212**, 1389—1390 (1966).

Kraehenbuhl, J.-P., E. Gloor et B. Blanc: Morphologie comparée de la muqueuse intestinale de deux espèces animales aux possibilités d'absorption protéique néonatale différentes. Z. Zellforsch. **70**, 209—219 (1966).

— — — Résorption intestinale de la ferritine chez deux espèces animales aux possibilités d'absorption protéique néonatale différentes. Z. Zellforsch. **76**, 170—186 (1967).

Krause, W. J., and C. R. Leeson: The origin, development and differentiation of Brunner's glands in the rat. J. Anat. (Lond.) **101**, 309—320 (1967).

Kretschmer, N., and R. E. Greenberg: Some physiologic and biochemical determinants of development. Advanc. Pediat. **14**, 201—251 (1966).

Krzyzowska-Gruca, St., u. T. H. Schiebler: Experimentelle Untersuchungen am Dottersackepithel der Ratte. Z. Zellforsch. **79**, 157—171 (1967).

Kuckuk, B.: Über die Entwicklung und Chemodifferenzierung des Kleinhirns der Ratte. Histochemie **9**, 217—255 (1967).

Lane, N., L. Caro, L. R. Otero-Vilardebó, and G. C. Godman: On the site of sulfation in colonic goblet cells. J. Cell Biol. **21**, 339—352 (1964).

Linneweh, F.: Postnatale Adaptation. In: Fortschritte der Pädologie, Bd. 1 (F. Linneweh, Hrsg.), S. 1—10. Berlin-Heidelberg-New York: Springer 1965.

—, u. U. Stave: Über die Anpassungsvorgänge nach der Geburt. Klin. Wschr. **38**, 1—5 (1960).

Liu, H.-Y., and B. L. Baker: The influence of technique and hormones on the histochemical demonstration of enzymes in intestinal epithelium. J. Histochem. Cytochem. **11**, 349—364 (1963).

Lojda, Z.: Some remarks concerning the histochemical detection of disaccharidases and glucosidases. Histochemie **5**, 339—360 (1965).

Mayersbach, H. v.: Zur Frage des Proteinüberganges von der Mutter zum Foeten. I. Befunde an Ratten am Ende der Schwangerschaft. Z. Zellforsch. **48**, 479—504 (1958).

— Die differenzierte Darstellung von Zellen des Magen-Darmtraktes mit Hilfe histochemischer Methoden. Acta histochem. (Jena) **12**, 80—84 (1961).

Merrill, T. G., H. Sprinz, and A. J. Tousimis: Changes of intestinal absorptive cells during maturation: an electron microscopic study of prenatal, postnatal, and adult guinea pig ileum. J. Ultrastruct. Res. **19**, 304—326 (1967).

Milković, K., and S. Milković: Functioning of the pituitary-adrenal axis in rats at and after birth. Endocrinology **73**, 525—539 (1963).

Millington, P. F., and A. C. Brown: Electron microscopic studies of the distribution of phosphatases in rat intestinal epithelium from birth to ten days after weaning. Histochemie **8**, 109—121 (1967).

Moe, H., and O. Behnke: Cytoplasmic bodies containing mitochondria, ribosomes, and rough surfaced endoplasmic membranes in the epithelium of the small intestine of new-born rats. J. Cell Biol. **13**, 168—171 (1962).

— J. Rostgaard, and O. Behnke: On the morphology and origin of virgin lysosomes in the intestinal epithelium of the rat. J. Ultrastruct. Res. **12**, 396—403 (1965).

Moog, F.: The functional differentiation of the small intestine. II. The differentiation of alkaline phosphomonoesterase in the duodenum of the mouse. J. exp. Zool. **118**, 187—207 (1951).

— The functional differentiation of the small intestine. III. The influence of the pituitary-adrenal system on the differentiation of phosphatase in the duodenum of the suckling mouse. J. exp. Zool. **124**, 329—346 (1953).

— The functional differentiation of the small intestine. IX. The influence of thyroid function on cellular differentiation and accumulation of alkaline phosphatase in the duodenum of the chick. Gen. comp. Endocr. **1**, 416—432 (1961a).

— The functional differentiation of the small intestine. VIII. Regional differences in the alkaline phosphatase of the small intestine of the mouse from birth to one year. Develop. Biol. **3**, 153—174 (1961b).

— Enzyme development in relation to functional differentiation. In: The Biochemistry of Animal Development, vol. I (R. Weber, ed.). New York and London: Academic Press 1965.

—, and E. Ford: Influence of exogenous ACTH on body weight, adrenal growth, duodenal phosphatase, and liver glycogen in the chick embryo. Anat. Rec. **128**, 592 (1957).

—, and D. Richardson: The functional differentiation of the small intestine. IV. The influence of adrenocortical hormones on differentiation and phosphatase synthesis in the duodenum of the chick embryo. J. exp. Zool. **130**, 29—55 (1955).

— H. R. Vire, and R. D. Grey: The multiple forms of alkaline phosphatase in the small intestine of the young mouse. Biochem. biophys. Acta (Amst.) **113**, 336—349 (1966).

—, and E. L. Wenger: The occurrence of a neutral mucopolysaccharide at sites of high alkaline phosphatase activity. Amer. J. Anat. **90**, 339—377 (1952).

Mulnard, J.: Contribution à la connaissance des enzymes dans l'ontogénèse. Les phospho-monoestérases acide et alcaline dans le développement du Rat et de la Souris. Arch. Biol. (Liège) **66**, 525—688 (1955).

Nemeth, A. M.: Biochemical events underlying the developmental and adaptive increase in tryptophan pyrrolase activity. In: Advances in Enzyme Regulation, vol. I. (G. Weber, ed.). New York: MacMillan Co. 1963.

Ochi, J.: Über die Chemodifferenzierung des Bulbus olfactorius von Ratte und Meerschwein-chen. Histochemie **6**, 50—84 (1966).

Overton, J.: Fine structure of the free cell surface in developing mouse intestinal mucosa. J. exp. Zool. **159**, 195—201 (1965).

—, and J. Shoup: Fine structure of cell surface specializations in the maturing duodenal mucosa of the chick. J. Cell Biol. **21**, 75—85 (1964).

Palay, S. L.: The morphology of secretion. In: Frontiers in cytology (S. L. Palay ed.) New Haven: Yale University Press 1958.

—, and L. J. Karlin: An electron microscopic study of the intestinal villus. II. The pathway of fat absorption. J. biophys. biochem. Cytol. **5**, 373—383 (1959).

Patzelt, V.: Der Darm. In: Handbuch der mikroskopischen Anatomie des Menschen, Bd. V/3 (W. v. Möllendorff, Hrsg.). Berlin: Springer 1936.

Pearse, A. G. E.: Histochemistry. Theoretical and applied, 2nd ed. London: J. & A. Churchill, Ltd. 1960.

Peterson, M., and C. P. Leblond: Synthesis of complex carbohydrates in the Golgi region, as shown by autoradiography after injection of labelled glucose. J. Cell Biol. **21**, 143—147 (1964).

Pilgrim, Ch.: Über die Entwicklung des Enzymmusters in den neurosekretorischen hypothala-mischen Zentren der Ratte. Histochemie **10**, 44—65 (1967).

Ratzenhofer, M., u. D. Leb: Über die Feinstruktur der argentaffinen und der anderen Er-scheinungsformen der „Hellen Zellen" Feyrters im Kaninchen-Magen. Z. Zellforsch. **67**, 113—150 (1965).

Richardson, D., S. D. Berkowitz, and F. Moog: The functional differentiation of the small intestine. V. The accumulation of non-specific esterase in the duodenum of chick embryos and hatched chicks. J. exp. Zool. **130**, 57—69 (1955).

Romeis, B.: Mikroskopische Technik. München: R. Oldenbourg 1948.

Ross, L., and E. D. Goldsmith: Histochemical studies of effects of cortisone in fetal and newborn rats. Proc. Soc. exp. Biol. (N. Y.) **90**, 50—55 (1955).

Rossi, F.: Histochemie der Enzyme bei der Entwicklung. In: Handbuch der Histochemie, Bd. VII/4, hrsg. von W. Graumann u. K. Neumann. Stuttgart: Gustav Fischer 1964.

Rubino, A., F. Zimbalatti, and S. Auriccio: Intestinal disaccharidase activities in adult and suckling rats. Biochem. biophys. Acta (Amst.) **92**, 305—311 (1964).

Sasse, D.: Glykogen in der Ontogenese des Verdauungstrakts. Chemomorphologische und stoffwechselhistochemische Analyse. Ergebn. Anat. Entwickl.-Gesch. **40**, Heft 2 (1968).

Schachenmayr, W.: Über die Entwicklung von Ependym und Plexus chorioideus der Ratte. Z. Zellforsch. **77**, 25—63 (1967).

Schapiro, S., E. Geller, and S. Eiduson: Neonatal adrenocortical response to stress and vasopressin. Proc. Soc. exp. Biol. (N. Y.) **109**, 937—941 (1962).

Schiebler, T. H.: Probleme der Chemodifferenzierung. Ber. phys.-med. Ges. Würzburg, N. F. **73**, 102—103 (1967).

—, u. E. Mühlenfeld: Über die geschlechtsspezifische Chemodifferenzierung der Rattenniere. Naturwissenschaften **53**, 311 (1966).

Schmidt, W.: Morphologische Aspekte der Stoffaufnahme und intrazellulären Stoffverarbeitung. In: Sekretion und Exkretion, hrsg. von K. E. Wohlfahrt-Bottermann. Berlin-Heidelberg-New York: Springer 1965.

— Über den paraplacentaren, fruchtwassergebundenen Stofftransport beim Menschen. II. Nachweis der vom Amnion abgegebenen Lipide im Fruchtwasser und im Dünndarm des Keimes. Z. Anat. Entwickl.-Gesch. **126**, 276—288 (1967).

Schreier, K., u. U. Porath: Eiweißsynthese in der Prä- und Postnatalperiode. In: Fortschritte der Pädologie (F. Linneweh, Hrsg.). Berlin-Heidelberg-New York: Springer 1965.

Sekeris, C. E.: Wirkung der Hormone auf den Zellkern. In: Wirkungsmechanismen der Hormone, bearb. von P. Karlson. Berlin-Heidelberg-New York. Springer 1967.

Seubert, W.: Cortisol als Enzyminduktor mit besonderer Berücksichtigung der Gluconeogenese. In: Wirkungsmechanismen der Hormone, bearb. von P. Karlson. Berlin-Heidelberg-New York: Springer 1967.

Toth, A., u. T. H. Schiebler: Über die Entwicklung der Arbeits- und Erregungsleitungsmuskulatur des Herzens von Ratte und Meerschweinchen. Histologische, histochemische und elektrophysiologische Untersuchungen. Z. Zellforsch. **76**, 543—567 (1967).

Verne, J., et S. Hébert: L'apparition de l'activité phosphomonoestérasique de l'intestin au cours du développement et ses rapports avec le fonctionnement cortico-surrénal. Ann. Endocr. (Paris) **10**, 456—460 (1949).

— — et O. De Charpal: Étude cytochimique de l'apparition de l'activité des estérases au cours du développement chez le rat blanc. C. R. Soc. Biol. (Paris) **146**, 176—177 (1952).

Vollrath, L.: Über die Entwicklung und Funktion der Belegzellen der Magendrüsen. Z. Zellforsch. **50**, 36—60 (1959).

— Über die Bildung von Lysosomen im fetalen Dünndarm. Experientia (Basel) **24**, 471 (1968).

Wiesener, H.: Die Physiologie der Verdauung. In: Entwicklungsphysiologie des Kindes (H. Wiesener, Hrsg.). Berlin-Göttingen-Heidelberg: Springer 1964.

Wilson, D. W., and H. C. Wilson: Digestion of ribonucleotides by intestinal enzymes of the developing rat fetus. Amer. J. Physiol. **209**, 1155—1158 (1965).

Yakaitis, A. A., and L. J. Wells: Hypophysis-adrenal system in the fetal rat. Adrenals in fetuses subjected to cortisone, DCA, hypophyseoprivia and growth hormone. Amer. J. Anat. **98**, 205—229 (1956).

Sachverzeichnis